NONOGRAMS

Griddlers, Picross Or Hanjie
PUZZLE BOOK FOR ADULTS

Nonogram also known as Griddler, Paint By Numbers, Hanjie or Picross. It is a kind of puzzle where it is necessary to draw the picture according to the numbers to the left of the rows and at the highest of the columns. The image consists of full squares and white squares. Numbers indicate the number of square groups filled or colored in each row or column, and the number of unbroken colored squares that each group contains.

CONTENTS

#1 - EASY - 20X20

				4	6													1	1	2	
		1	3	3	5	12	13	12	12	14	15	17	17	16	14	13	13	9	7	2	4
	4																				
2	2																				
7	1																				
11	1																				
	15																				
	16																				
	17																				
	18																				
	17																				
	16																				
	14																				
	12																				
	13																				
	13																				
	12																				
5	6																				
3	5																				
	4																				
	2																				

1

#2 - EASY - 20X20

Column clues (top):

	4	5					7	7	7	7	7	7					5	3
	3	5	14	14	14	16	7	7	7	7	7	7	14	14	14	14	5	3

Row clues (left):

	4
	6
	7
	14
	17
	18
	18
7	7
5	5
4	4
4	4
5	5
7	7
	18
	18
	16
	14
	7
	6
	4

#3 - EASY - 20X20

				1	3	4		8		8	9				4	3	2	
			1	2	4	4	9	9	1	16	8	7	14	8	8	9	4	3	2	1
		1																		
		2																		
		3																		
		4																		
		4																		
5	4	4																		
		15																		
		14																		
		12																		
	4	4																		
	5	4																		
		13																		
		14																		
		15																		
3	4	4																		
	4	1																		
		3																		
		3																		
		3																		

#4 - EASY - 20X20

Column clues (top to bottom):

							3	4	4	4	4	4	4	3					
				6	4	5	7	8	8	8	8	6	4	4	6				
4	10	13	15	6	5	5	5	4	3	3	4	5	6	6	5	15	12	10	4

Row clues (left):

		4
		6
		14
		14
	6	6
	4	4
4	5	4
5	7	5
4	8	4
4	8	4
4	8	4
3	8	3
4	6	4
4	4	5
	5	6
	7	7
		15
		11
		10
	3	3

4

#5 - EASY - 20X20

				4	6	7	8	2	2⟋5	1⟋7	2⟋8	2⟋9	2⟋9	2⟋9	2⟋9	2⟋8	2⟋7	1⟋5	2	8	7	6	4
			6																				
			11																				
		3	3																				
		1	2																				
2	3	3	2																				
	3	10	3																				
	4	10	4																				
	4	10	4																				
	4	10	4																				
	4	10	4																				
	2	8	2																				
			6																				
			4																				
			2																				

#6 - EASY - 20X20

Column clues (top), read top to bottom per column:

C1	C2	C3	C4	C5	C6	C7	C8	C9	C10	C11	C12	C13	C14	C15	C16	C17	C18	C19	C20
																		1	1
						2	2											1	1
5	1	1		2	4	2	2	4	2		3	2	1	2	3		5	1	1

Row clues (left), read left to right per row:

				2
	1	4	1	1	3
1	2	2	1	1	1
1	2	2	2	2	3
	1	4	1	1	1
		3	2	1	3

		3																			3
		3	9	10	10	8	6	4	4	4	4	4	4	4	4	6	8	10	10	9	3
3	3																				
5	5																				
6	6																				
	20																				
	18																				
	18																				
	20																				
6	6																				
5	5																				
2	2																				

#8 - EASY - 20X20

Column clues (top):

1	2	3	4	5	6	7	8	9	10	11	12	13	14	15	16	17	18	19	20
									1	1									
			5	7	8	9	10	12	10	10	12	10	9	8	7	5			
	3	4	5	5	5	5	6	7	7	7	6	5	5	5	5	5	5	4	3

Row clues (left):

	4
1	1
	6
	8
	10
	12
	12
	14
	14
	14
	14
	14
	14
	16
	18
	18
	18
	5
	3

#9 - EASY - 20X20

Column clues:

C1	C2	C3	C4	C5	C6	C7	C8	C9	C10	C11	C12	C13	C14	C15	C16	C17	C18	C19	C20
								2	2	2									
								1	1	1	2								
							3	1	1	1	3								
						3	3	1	2	2	2	2							
				3	7	1	1	7	8	8	7	2	9	7	3				

Row clues:

			5
			8
		3	3
	2	2	2
2	1	1	3
2	1	1	3
2	1	3	3
	1	1	2
		1	7
		1	5
			1
			1
			2
			4
			4
			4
			4
			4
			4
			4

#10 - EASY - 20X20

				3	2	4	4	4	3	3	4	18	17	17	15	6	2	2	1	8	7	6	3
					6	7	8	1	2	2	6					4	7	4	2				
								2	5	8	4								1				
		1	6	2																			
		2	8	2																			
		2	9	2																			
		3	10	3																			
3	2	4	2	3																			
		4	10	4																			
		4	10	4																			
		4	8	4																			
		4	7	4																			
				6																			
				8																			
		2	4	2																			
	2	1	4	1																			
			3	4																			
			3	5																			
				9																			
				8																			
				5																			

#11 - EASY - 20X20

Column clues (top to bottom):

													4						
						4							1						
					4	1	5	5	8	8	5	5	2	4					
	7	8	7	3	8	2	3	2	3	3	2	3	2	8	4	7	8	7	
	4	5	7	5	3	5	6	7	7	7	7	6	5	3	5	7	5	3	

Row clues (left to right):

						6
						10
						12
						14
						16
				2	2	3
		3	3	2	3	3
3	1	1	2	1	1	3
			3	3	3	3
		3	2	2	2	3
		2	1	4	1	2
		2	2	4	3	2
			1	2	3	1
				3	4	3
				3	6	3
				4	8	4
				3	8	3
				3	10	3
				3	10	2
				1	10	1

#12 - EASY - 20X20

Column clues (top to bottom, columns 1–20):

1	2	3	4	5	6	7	8	9	10	11	12	13	14	15	16	17	18	19	20
				3	3		3					3		3	3				
		3	5	3	3	5	4	5			5	4	5	3	3	5	3		
		3	4	5	6	6	2	2	12	12	2	2	6	5	5	4	3		
3	6	2	2	2	2	2	2	2	2	2	2	2	2	2	2	2	2	5	3

Row clues (rows 1–20):

			2	2
			4	4
		6	2	6
2	2	2	2	2
		6	2	6
		4	2	4
		2	4	2
				6
				16
				18
				20
2	4	2	4	2
		2	12	2
		2	9	2
			4	3
				14
				10

#13 - MEDIUM - 30X30

Column clues (top):

| | 3 | 3 | 4 | 2 | 2 | 2 | 2 | 2 | | 3 | 4 | 4 | 4 | 5 | 6 | 8 | 8 | 9 | | | | | | | | | | | 2 | |
| 1 | 4 | 5 | 5 | 2 | 1 | 2 | 3 | 2 | 5 | 6 | 5 | 5 | 5 | 8 | 10 | 10 | 13 | 15 | 26 | 25 | 25 | 24 | 23 | 23 | 22 | 20 | 18 | 10 | 7 |

Row clues (left):

		2
		6
		7
		10
		12
		13
		16
		17
		18
	3	9
		10
		10
		12
		12
	6	13
	10	14
3	3	15
	4	22
		23
	4	21
	3	20
	2	18
	3	16
	3	15
	3	13
	1	11

#14 - MEDIUM - 30X30

Column clues (top):

			1	2	4	4	4	4	4	3	2	1								
	2	3	4	6	4	4	4	4	4	4	4	4	5	4	6	4	2			
	5	4	4	3	4	4	3	3	4	4	4	3	3	4	4	3	4	7	4	
	8	3	4	4	4	4	4	4	4	4	4	4	4	4	4	4	4	4	4	
5	3	1	2	3	2	3	3	3	3	3	3	3	3	3	3	3	2	2	2	10

Row clues (left):

		5
		8
		10
1	6	1
	2	2
	4	4
		16
		18
1	12	1
1	8	1
	2	2
	3	3
	7	6
		22
1	16	1
1	12	1
2	4	2
	4	3
	6	5
	10	9
1	18	1
1	16	1
1	12	1
1	4	1
	1	2
	2	3
	5	5
		15
		12
		7

#15 - MEDIUM - 30X30

Column clues (top):

									1			1	2																
				1	2	6	9	7	2	4	5	2	3	2	2														
		3	3	8	11	6	5	5	5	5	6	5	5	4	5	3	3	7	6										
	5	4	4	4	4	4	4	4	3	4	5	5	5	5	5	5	5	5	6	4	3								
5	4	3	3	3	2	2	1	2	1	1	5	4	1	1	1	8	6	4	1	9	6	3	6						

Row clues (left):

			5
		2	5
	3	2	2
	5	2	2
1	3	2	2
2	4	2	1
2	4	2	2
	3	4	6
	3	5	5
	4	4	4
1	2	4	4
1	3	4	3
1	3	4	2
1	3	4	2
1	4	4	1
2	4	4	2
3	5	4	1
1 2	5	4	1
1 2	5	3	1
1 2	5	3	1
2	3	5	5
1	3	6	3
2	4	5	3
2	4	5	2
2	5	5	2
2	5	4	1
	3	5	4
	3	3	3
	3	2	3
			7

#16 - MEDIUM - 30X30

Column clues (top):

```
                2       1 1 2 2 2 1 2           2 2 2 1 1
                7 4 1 1 2 2 2 1 2 4     3     1 1 2 2 2 1 1 2 6 1
            2 4 3 6 1 1 2 1 2 1 4     4     2 2 2 1 2 1 1 5 7 3 3
            4 1 1 2 2 2 1 1 2 1 2 16 3 7 4 2 2 1 2 2 1 2 1 1 2
          3 5 3 2 1 1 2 1 1 2 2 1 1 3 3 5 4 4 1 1 2 1 2 1 2 2 2 6 4 2
```

Row clues (left):

```
              6  6
        2  3  3  2
        2  3  3  1
           2  5  2
           1  3  1
           1 15  1
        7  3  3  7
           3  5  2
           2  9  2
     2  3  3  4  2
           4  2  5
           1  1  1
           1  2  2
           2  2  2
           2  2  2
           2  2  2
           2  1  2
           1  1  4
           2  2  7
        2  1  3  2
        8  2  2  3
     3  6  1  3  3
        3  3  4  3
           4  6  3
              5  8
              6  2
```

Column clues (top):

			1	2	2						2	2				4	2	2	1		
2			2	2	3	5	2	2			4	3			2	2	1	3	2	1		1
2	2	2	2	1	1	2	2			1	3	3	2		2	2	3	1	1	2	2	2	3
4	2	3	2	1	1	4	4	4	3		5	2	3	7		3	4	4	2	1	1	2	3	2
1	3	2	2	3	2	2	2	3	11		6	4	3	6		7	2	3	2	3	3	2	4	2	3
4	1	2	2	2	1	5	2	1	3	26	2	2	2	2	26	2	1	2	4	1	2	2	2	2	4

Row clues (left):

- 2
- 4
- 1 2
- 1 1 1
- 5 2 4
- 5 2 5
- 6 2 2 1 5
- 3 3 1 2 4 3
- 1 2 2 2 2 1
- 1 3 5 5 3 2
- 2 4 10 3 1
- 2 1 8 1 2
- 3 7 3
- 9 10
- 2 5 4 1
- 1 5 5 2
- 10 10
- 3 8 2
- 1 3 9 3 2
- 2 4 4 5 4 2
- 1 2 2 2 2 2 3 1
- 1 2 2 2 2 2
- 7 1 1 1 8
- 3 1 2 2 2 1 3
- 5 2 5
- 2 2 2 1 1
- 1 1
- 2 2
- 4
- 2

Column clues (top to bottom):

			4	4	3	4			3	3		4	3	4	4						
			5	6	5	4	4	5	3	7	7	3	5	4	4	5	5	6			
4	7	10	11	5	5	2	2	1	1	6	1	1	6	1	1	2	3	5	5	11	9	7	3
2	4	5	6	7	9	9	10	11	6	5	4	4	12	6	6	12	4	4	5	6	10	10	9	8	7	5	5	4	2

Row clues (top to bottom):

			6
			10
			13
	5		5
	4		4
	4		4
	4		3
	4		4
	3		3
3	2		4
3	4		3
6	6		6
			23
			24
			24
			24
	5		5
10	4		10
9	1	1	10
9	1	1	9
8	1	1	8
7	1	1	7
7	4		6
7	4		7
			20
			19
			16
			13

#19 - MEDIUM - 30X30

Column clues (top):

					9	6									6	9													
			12	1	1	4	4	5	5	5			5	5	5	4	4	1	1	12									
	4	5	10	3	3	2	2	3	4	5	6		6	4	4	3	2	2	3	3	10	5	4						
	1	9	8	2	2	2	7	6	5	3	2	21	21	2	4	5	6	7	2	2	2	8	9	1					
2	3	3	1	2	2	5	6	6	6	5	2	2	2	2	2	2	2	5	6	6	6	5	2	2	1	3	3	2	

Row clues (left):

			8
			16
			18
			20
			20
	4	2	4
	4	2	4
	3	2	3
	4	2	4
	8	2	8
	7	2	7
	6	2	6
	4	2	4
			18
	2	12	2
	4	10	4
	6	8	6
	7	5	7
2 3	4	3	2
2 3	2	4	2
2 4	2	4	2
	10		10
	10		10
			24
			22
	5		5
	5		5
	5		5
	3		3

#20 - MEDIUM - 30X30

				1	2	3	4	5	6	7	8	9	10	11	12	13	14	15	16	17	18	19	20	21	22	23	24	25	26	27	28	29	30
																9	9	9	9	9	9												
							2	5	6	8				5		2	2	2	2	2	3	3	4				8	6	5				
					6	6	6	6	8				8	3	6	3	2	1	1	2	2	5	6				8	6	6				
				4	6	6	2	5	6	7	14	22	9	6	3	9	10	10	10	9	9	4	6	20	22	14	7	6	4	6	6	5	3
			4																														
			6																														
			6																														
	2	6	2																														
	5	6	5																														
	6	6	6																														
	8	6	7																														
		8	14																														
			22																														
		8	8																														
	5	4	6																														
	2	6	3																														
9	2	3	9																														
9	2	2	10																														
9	2	1	10																														
9	2	1	10																														
10	2	2	9																														
9	3	2	8																														
	4	5	4																														
		6	6																														
			20																														
			22																														
		8	14																														
	8	6	7																														
	6	6	6																														
	5	6	4																														
			6																														
			6																														
			6																														
			3																														

#21 - MEDIUM - 30X30

Column clues (top):

| 5 | 9 | 11 | 12 | 13 | 14 | 14 | 14 | 6 6 2 | 6 5 2 | 13 2 | 12 2 | 10 2 | 8 3 | 5 4 2 | 6 3 | 8 3 1 | 12 2 | 11 2 | 12 2 | 8 4 1 | 6 3 | 4 2 | 2 | 2 | 1 2 | 3 2 | 5 2 | 3 2 | 1 2 |

Row clues (left):

- 8
- 11
- 13
- 13
- 15 1
- 15 3
- 8 5 5
- 8 5 3
- 15 1
- 13 5
- 12 7
- 10 9
- 8 9
- 4 9
- 9
- 7
- 5
- 3
- 4
- 5
- 3 4
- 4 4
- 8 9
- 6 6
- 3
- 5

#22 - MEDIUM - 30X30

Row clues (top to bottom):

- 5 5
- 2 4 2
- 2 2 1
- 2 1 1
- 2 1 1
- 1 1 1
- 1 4 1 4 1
- 3 1 1 2 3
- 2 1 2 2
- 1 2 2 1
- 1 1 2 1
- 1 1 1 1
- 1 1 1 1 1 1
- 1 1 2 2 1
- 1 2 2 2 2 1 1
- 1 5 5 1
- 2 4 4 1
- 3 2 4 2 3
- 3 6 3
- 2 3 3 1
- 2 1 1 1 2 1
- 1 1 1 1 1
- 1 1 1 1
- 1 1
- 1 1
- 2 1
- 2 2 1
- 2 3 1
- 2 2 2 1
- 4 4

#23 - MEDIUM - 30X30

Column clues (top):

			2	1	1			2			2			1	1	2												
			1	1	1	1	1	2	10	10	2	1	1	1	1	1	1											
	3	2	2	2	1	1	1	2	2	4	3	1	2	1	1	2	1	4	3	2	2	1	1	1	2	2	1	3
6	4	2	2	2	2	2	2	1	1	2	3	1	2	1	1	1	3	1	1	1	2	2	2	2	2	2	4	6
6	3	2	2	1	1	1	1	2	1	1	1	2	10	10	2	1	1	1	2	1	1	2	1	1	1	2	4	5

Row clues (left):

			6	6
		3	4	3
		2	2	2
		2	2	2
		2	2	1
		1	2	1
		1	2	1
		1	2	1
2	1	2	1	2
1	1	2	1	1
1	1	4	2	1
		1	3	3	1
		1	1	1	1
2	2	2	2	2
	10	1	1	10
	10	1	1	10
2	2	2	1	2
		1	1	1	1
		1	4	3	1
1	1	3	1	1
1	1	2	1	2
2	1	2	1	1
		1	2	1
		1	2	2
		1	2	1
		2	2	1
		2	2	1
		1	2	2
		3	4	4
			6	5

#24 - MEDIUM - 30X30

Column clues (top):

										2				2						
										2	4			4	3					
		5	3					2	2	3			3	2	1				4	5
		1	2					2	2	4			4	2	2		4		2	1	3
4	5	5	1	2	5	7	6	4	2	3	3		3	3	2	4	6	4	5	1	1	5	5	1
4	5	5	4	3	4	6	7	4	2	2	4	30	30	4	2	1	5	7	1	4	3	4	5	5	4

Row clues (left):

				4
				6
				6
				4
				2
	1	2		1
	4	8		3
4	2	6	1	5
5	2	4	1	5
	9	2	2	6
	8	2		8
	4	2		4
	7	2		7
	4	8		4
				4
				6
				20
	6	2	5	1
	4	2		4
	9	2		9
5	2	4	2	5
5	2	6	2	5
4	1	7	1	4
2	2	2	2	2
				2
				4
				6
				6
				4
				2

#25 - MEDIUM - 30X30

Column clues (top to bottom):

											10																
										5	1			6	3								2	2	2		
2	3	4	5	6	7	7	7	21	21	21	11	30	30	21	21	21	7	7	7	6	9	9	2	2	2	5	2

Row clues (left, top to bottom):

		2
		3
		4
		5
		6
		6
		6
		5
		3
		9
		9
	3	5
	3	5
	3	5
	3	5
		9
	3	5
	3	5
3	5	1
	9	5
9	3	2
9	2	2
9	2	2
		27
		26
		22
		21
		20
		18
		15

25

#26 - MEDIUM - 30X30

Column clues (top):

						3		2	2	3	2	2	2	2	2	2 2	2 2	2	2	2	2	3	2						
		4	3	3	2	2	6	3	1	3	1	4	4	4	4	4	3	1	3	1	4	2	2	2	2	4	3		
5	8	4	5	4	3	12	6	5	6	3	3	4	5	2	2	5	4	3	3	5	3	14	13	3	5	5	4	8	4

Row clues (left):

```
            5  8  4
                  21
      3  2  2  3
      3  2  1  2
      2  2  2  2
      2  2  2  3
      3  2  3  2
      2  2  2  2
2  2  1  1  2  2
2  2  3  3  2  2
2  2  1  1  2  2
      2  2  2  2
      2  2  2  3
      2  2  2  2
   2  2  6  2  3
   2  3  6  3  2
      7  2  2  7
      4  2  5  6
2  2  2  1  3
      3  4  2
               12
         5  4
                8
                6
```

26

#27 - MEDIUM - 30X30

#28 - MEDIUM - 30X30

Column clues (top):

					2	2																	4	2					
					7	2	2	2	2	3	3	7	8	2	2	2	2	3	7	3	3	2		4					
		2	2	10	12	3	3	3	2	5	6	2	2	2	2	2	2	6	5	2	2	2	3	4	2	2	2		
4	6	2	3	4	3	2	2	4	6	2	1	2	2	2	8	6	3	2	2	2	3	3	7	11	6	2	2	5	3

Row clues (left):

			4
			6
		2	2
		2	3
		10	4
		12	3
	7	3	2
2	2	3	2
2	2	3	4
	2	2	6
	2	6	2
	3	6	1
	3	2	2
	6	2	2
	8	2	2
	2	2	8
	2	2	6
	2	2	3
	2	6	2
	3	5	2
	7	2	2
4	3	2	3
2	3	2	3
	2	3	7
		4	11
4	2	6	
		2	2
		2	2
			5
			3

#29 - MEDIUM - 30X30

Column clues (top to bottom):
- `2 2` (around columns 17–18)
- `4 5 2 2 5 3`
- `2 2 3 5 6 2 2 2 2 2 2 5 4 2 3 3`
- `6 2 3 2 2 2 2 2 2 2 2 3 2 2 2 2 6`
- `6 2 2 3 3 3 2 2 2 3 3 3 2 2 2 2 3 3 2 6`
- `6 12 5 3 2 2 3 2 2 2 2 2 2 2 2 2 3 3 2 3 6 10 6`

Row clues (top to bottom):

				4
				5
		2	2	
				7
				9
		2	2	
				10
				11
		4	4	
		3	3	
		2	3	
		2	3	
		3	2	
	5	2	5	
	6	4	6	
4	6	5	4	
3	3	3	3	
	2	1	2	
2 2	2	2	2	
	2	4	4	7
	4	3	6	8
	2	4	4	2
	2	2	1	2
		2	2	
		2	2	
		2	3	
		4	3	
		3	4	
				12
				7

29

#30 - MEDIUM - 30X30

Column clues (top):

																						2				
		4	3	3	3	2	2	2	2	2	2	1	2	2	1	2	2	2	2	3	2	3	3	4		
	14	2	2	2	2	2	2	2	2	2	2	2	2	2	2	2	2	2	2	10	10	3	4	6	7	5
4	15	2	2	2	2	2	2	2	2	2	2	2	2	2	2	2	2	2	2	2	2	6	4	2	2	5	3

Row clues (left):

		2
		10
	5	5
	4	3
	3	3
	3	2
	3	2
	2	2
	2	2
	2	2
	1	2
2	2	2
2	2	2
2	2	4
	2	9
2	5	2
2	5	2
2	2	5
2	2	3
		23
		24
	3	3
	2	2
	2	2
	2	2
		24
		22

#31 - MEDIUM - 30X30

Column clues (top), left to right:

		2										2	2	1	1	2	2				2	2							
6	3	2	1	1	4	5	4	5	2	7	2	3	10	2	5	5	3	4	2	2	3	3							
1	7	2	1	1	5	10	1	1	1	3	12	1	1	1	1	11	2	1	1	1	9	2	1	1	9	5	2		
8	2	1	5	5	1	1	5	2	1	2	5	1	5	5	1	2	5	1	1	5	5	1	1	5	2	1	2	7	

Row clues (left):

Row	Clues
1	4
2	2 2
3	2 2
4	1 1
5	10
6	12
7	4 1 2 4
8	4 1 1 1 2
9	1 1 1 1 2 2
10	1 2 1 1 1 2
11	2 1 2 1 2 1
12	1 1 1 2 1 2
13	2 2 1 2 1 1
14	1 1 1 2 2 2
15	1 1 1 1 1 1
16	2 1 1 1 1 1
17	2 1 1 1 1 1
18	2 2 1 1 1 2
19	1 2 1 1 1 2
20	1 2 2 1 1 2
21	2 2 2 2 2 2
22	29
23	1 2
24	1 1
25	1 1
26	1 2 1 1 2 1 2 1 1 1
27	1 2 1 1 2 1 2 1 1 1
28	1 2 1 1 2 1 2 1 1 1
29	2 2 2 2 2 2 2 2 2 2
30	28

#32 - MEDIUM - 30X30

Column clues (top):

											4									
								3		3	2									
								2	3	3	2									
		1	2	3		3		2	3	2	1				2	1				
	2	2	2	2	2	3	4	5	2	2	2	2	5	3	3	2	2	2	2	6
3	5	10	6	2	2	2	8	2	6	7	2	6	3	2	7	6	3	8	2	2	5	8	2	4	2
3	5	2	2	2	2	3	8	3	4	6	4	3	2	3	5	3	8	8	2	2	2	2	6	5	1

Row clues (left):

				2
				4
				4
		2		2
		2		2
		4		4
		5		4
				26
4	3	4	2	5
2	1	2	1	2
	2	2	2	2
2	3	6	2	2
				22
	4	2	2	4
	2	2	3	3
	3	2	2	3
5	2	1	2	4
		2	16	2
2	2	4	2	3
2	1	1	2	2
2	2	2	2	2
	8	5		9
		12		12
		4		4
		4		4
		3		2
		2		2
				4
				3
				1

32

Column clues (top):

```
1 2 3 5 3 2 2 2     3 4 4 4     4 3 4 3       2 2 3 4 5 2 2 1
2 2 3 4 4 2 2 4 3 4 5 5 5 5 4 4 5 5 5 5 4 3 3 2 3 5 4 3 2 2
2 2 2 4 5 3 3 3 13 15 16 16 17 17 5 5 17 16 16 15 14 13 3 2 3 5 4 2 2 2
```

Row clues (left):

```
              5
              8
             10
       4 10  4
 3  2  2  3
       2  2
       2 10  2
       2 12  3
       3 14  3
             20
             16

       7  7
      10 10
      10 10
 2  7  6  3
 2  6  6  2
 2  6  6  3
 2  6  6  2
 3  6  6  3
 2  8  7  2
       9  9
      10 10
 2  6  6  2
 2  6  6  2
 2  5  5  2
 3  5  4  3
 4  4  3  4
 2  2  1  2
```

33

#34 - MEDIUM - 30X30

							2	2													3	2							
						3	2	2	2		2	2	2	2	2	2	2	2		2	2	2	2						
				5	6	2	2	2	2	1	2	2	2	2	2	3	2	3	1	2	2	2	2	5	4				
			4	2	2	2	1	1	3	2	5	3	4	2	2	4	3	5	2	3	1	1	2	3	2	4			
		6	2	2	3	2	3	2	2	7	1	2	2	6	6	2	2	1	7	3	2	3	2	2	2	2			
	12	4	5	3	2	2	2	2	2	2	2	2	2	2	2	2	2	2	2	2	2	3	2	2	3	5	16	10	

8
14
4 3
3 3
3 2
3 2
8 9
11 12
4 8 4
2 4 2
2 5 5 2
10 10
4 3 3 5
1 2 2 2
1 2 2 2 2 2
1 2 2 2
1 3 3 2
1 4 2 4 2
1 4 6 4 2
7 2 2 7
5 6 4
2 4 2
3 2 3
2 2 2
2 8 2
2 6 3
3 3
4 4
12
8

#35 - MEDIUM - 30X30

Column clues (top to bottom):

Col	1	2	3	4	5	6	7	8	9	10	11	12	13	14	15
				2	6	3	2	2	2	2	2			3	3
			2	4	4	9	4	2	3	3	4	7	6	3	2
	2	4	3	2	2	2	4	2	2	2	2	2	2	2	2

Col	16	17	18	19	20	21	22	23	24	25	26	27	28	29	30
						2		2							
		3			3	2	2	2	2	2					
	3	2	3	3	2	3	2	12	8	3	3				
	2	2	2	3	4	3	3	2	2	2	4	8	7	2	2
	2	2	7	8	2	2	6	3	2	2	2	3	3	12	6

Row clues:

				3
				7
			3	3
			3	2
		2	1	4
		2	1	4
			2	2
			2	2
			2	4
		2	3	4
	11	5	2	2
	11	3	4	2
3	2	4	3	2
	1	7	2	2
	2	5	2	2
	2	5	2	2
	2	4	2	2
		5	2	1
		4	2	2
		3	2	2
		3	3	2
		3	2	2
		5	3	3
	4	3	3	3
			2	18
		2	3	13
		5	2	2
		2	2	2
				9
				9

#36 - MEDIUM - 30X30

Column clues (top):

			4		2	2	2	2		4							
	2	2		1	3	2	2	2	2	3	1		2	2			
4	2		2	1	2	2	4	2	2	2	2	2	2	2	4	2	2	1		2
3	4	2	1	2	1	2	2	2	2	2	2	2	2	2	2	2	2	2	2	3	8
7	2	3	6	3	2	2	1	2	2	2	2	1	2	2	2	1	2	2	3	7	3	3	6
3	6	3	3	3	5	7	4	5	5	2	2	2	2	2	1	2	2	5	6	4	6	5	3	3	4	5

Row clues (left):

				5	5
					23
			3	10	2
		2	3	3	2
		2	2	2	2
		1	2	1	2
				1	2
			2	6	2
			2	8	3
				2	3
			2	4	2
			2	4	1
				8	7
				9	9
			3	6	3
			3	2	3
		3	5	5	3
2	1	2	2	2	2
				2	1
				2	2
				2	2
				3	2
			2	3	3
					22
				8	8
		3	2	2	2
				7	7
					18
			2	3	3
				2	1

#37 - MEDIUM - 30X30

Column clues (top):

			3 3																3 3		
			3 3 2 5		2 2		2		2 2 2			5 2 3 3									
		10 3 2 5 5 3 3 2 1 3 2 2 2 3 2 2 4 5 5 2 3 10																				
	11 3 4 2 2 3 2 1 2 2 2 3 3 2 1 2 2 2 3 2 3 4 1 12																					
10 14 2 2 2 1 2 2 6 5 4 3 3 7 8 3 3 4 4 6 2 2 1 2 2 2 13 8																						

Row clues (left):

Row	Clue
1	2 1
2	3 3
3	5 5
4	2 2 4 3 2
5	2 14 2
6	2 4 5 2
7	2 4 4 2
8	5 5
9	4 4
10	3 3
11	2 2 2 2
12	3 5 5 2
13	2 3 6 3 2
14	2 2 3 2 2
15	1 2 2 2 2 2 2
16	2 2 1 1 2 2
17	2 3 3 1
18	2 3 3 2
19	2 2 1 2
20	2 3 3 2
21	2 5 4 2
22	2 3 4 2
23	2 2 1 2 2 2
24	5 2 4 2 5
25	11 2 11
26	5 2 5
27	4 2 4
28	9
29	6
30	4

Column clues (top):

											12		12				1												
					2	6	6	12	12	4	11	12	4	12	12	6	6	3											
	1	6	6	5	4	3	12	4	4	4	3	2	3	3	2	3	5	4	5	13	4	4	5	7	5				
4	8	11	14	17	15	14	9	11	12	7	6	5	3	3	5	6	7	12	11	8	13	18	17	14	10	6	3		

Row clues (left):

			4	5
			6	7
			6	6
	5	8	5	
	3	12	3	
	2	15	2	
	1	17	1	
			18	
			20	
			20	
	5	8	5	
	5	8	5	
			23	
			24	
		12	12	
		9	9	
	8	4	8	
	7	8	8	
	7	10	7	
6	5	5	6	
5	3	3	5	
4	3	4	4	4
3	3	4	3	4
2	4	2	4	3
1	5	5	2	
		6	6	
		6	6	
		6	6	
		6	6	
		6	5	

#39 - MEDIUM - 30X30

Column clues (top):

												2	2																
			2		2						2	2	2	2						3	2								
			2		4					6	2	2	2	2						3	5								
			6	2	2	5	3	3	9	5	3	2	2	3	13	8	3	4	2	2	2	5							
	2	4	3	14	3	2	2	3	6	5	3	2	2	3	5	5	2	2	3	4	14	4	4						
	1	5	3	3	2	6	3	3	5	4	5	4	3	5	4	5	3	4	2	2	3	6	3	2					

Row clues (left):

			4
			6
		2	2
	2	2	1
4	2	2	5
6	8	3	3
	2	14	3
2	4	4	2
		7	8
3	2	2	3
	2	7	3
	2	6	2
2	3	3	2
2	3	2	2
		7	7
		7	7
2	2	2	2
	2	7	2
	2	6	2
3	3	3	3
4	2	2	4
3	4	4	2
2	5	4	2
	2	14	2
	5	6	5
4	2	2	3
	2	4	2
			4
			2
			1

#40 - MEDIUM - 30X30

Column clues (top to bottom):

Row 1: 9 9 … 9 9 … 5
Row 2: 4 5 5 6 7 2 3 9 9 9 3 2 9 7 6 1 4
Row 3: 2 2 2 6 2 3 2 4 10 11 10 4 2 3 2 4 3 2 3 2
Row 4: 2 5 17 18 18 16 18 13 11 8 6 5 4 6 5 6 7 7 9 11 13 18 20 18 18 10 4 1

Row clues (top to bottom):

				8
				12
				15
				17
				18
				20
				20
				10
		4	8	4
			6	6
3	2	3	2	3
3	2	5	2	3
		6	7	6
		6	9	5
6	1	3	1	5
		5	9	4
		6	7	6
		7	5	7
		7	5	8
		8	3	9
		9	1	10
			10	10
			11	12
			11	12
				27
				28
		5	6	5
		4	4	4
		2	2	2
		1	1	1

#41 - MEDIUM - 30X30

Column clues (top):

```
            6  5         2  2  2  2      5  7  6
      2  3  3  3  2  2  2      3  3  2  3  4      2  2  2  2  3  3  3  2
   3  3  4  2  2  2  2  2  6 12  3  2  3  4      3  2  2  2  2  2  3  3  2
   1  3  3  4  6  4  2  4 13  3  2  2  2  2 21  5  2  3  5  5  3  3  3  1
```

Row clues (left):

```
            1  2
            1  2
            1  2
         1  2  2
         2  6  2
            5  5
            3  3
            2  2
      1  2  2  2
      2  2  2  2
         2  7  2
         3  6  2
            8  9
            6  7
            2  1
            2  2
            8  8
              20
         2  7  2
      3  5  6  2
      2  5  5  2
1  2  2  2  2  1
      2  2  2  2
      2  2  2  2
         2  7  2
         2  5  2
            3  3
            3  3
            3  3
            1  1
```

#42 - MEDIUM - 30X30

Column clues (top):

							9	10												10	9								
	4	4	3	2	2	2	1	2				3	1			1	3			2	2	2	2	2	3	5	4		
2	4	3	4	2	2	2	2	2	2	2	2	8	8	8	8	7	2	1	2	2	2	2	2	2	2	3	3	4	2
1	3	3	5	4	4	3	2	2	2	1	6	2	4	6	6	4	2	5	2	2	2	2	3	4	4	4	2	3	1

Row clues (left):

				2	2
				2	2
				2	2
				2	2
2	2	2	2	2	2
2	2	2	2	2	2
2	2	2	2	2	2
			2	2	3
		2	3	3	2
	2	2	5	2	3
			2	7	2
			3	8	4
			4	9	4
			3	9	2
					8
					8
			7	6	6
				7	8
				2	2
			3	2	3
	2	2	4	2	2
	2	4	6	5	2
			4	6	4
			2	4	2
			2	2	2
				3	2
				2	2
				3	2
				2	2
				2	2

#43 - HARD - 40X40

Column clues (top):

```
                            2  1  1                                     1  1     7
              6  6  6     2  7  6  6  6  2  1  1           1  2  1  6  6  8  1        6  6  6
     6  6 10  8  6  3  1  2  4  8  9 14 13 11 10  7  2  2  9 12 12 13 16 10  6  3  3  2  5  7  8 10  6  6
  5 27 28 17 17 17 18 18 18 15 14 16 18 19 22 24 26  2  2 25 23 21 19 17 16 14 16 18 18 18 17 17 16 28 27  4
```

Row clues (left):

						4	5
				2	3	3	2
			1	2	2	1	2
					5	20	5
					6	20	6
				6	9	9	6
				6	9	9	6
					6	20	6
					6	17	5
						4	5
				5	5	6	6
				7	6	5	8
				7	5	6	7
				6	6	5	6
		5	5	1	6	6	
	5	6	1	1	6	5	
	4	5	2	1	5	5	
4	1	2	2	2	3	1	4
	3	2	3	2	1	3	
		3	3	3	1	3	
	2	3	4	4	3	2	
		8	5	4	5	2	
				8	5	5	8
				8	6	6	9
				9	6	6	9
						16	16
						16	16
						16	16
						16	16
						16	16
						16	16
						16	16
						16	16
						16	16
						16	16
						16	16
						15	15
						8	8
						3	3

#44 - HARD - 40X40

			2	2																		2	2																
		1	1	1	2	1	2		2	2			2	2			2	2				17	14	14	14	16													
		2	2	1	6	11	16	19	22	24	25	27	28	30	30	31	32	33	33	34	34	16	13	11	9	5	18	20	21	20	16	16	15	13	10	7	4		

		1
	2	2
2	2	4
	2	5
	2	9
	2	13
	2	16
	2	18
		21
	1	22
	2	24
		25
		26
	2	27
	2	28
		29
		29
		31
3	17	11
1	17	11
	18	10
	17	8
	17	6
2	18	5
1	18	3
		18
		17
	1	18
	2	17
		18
		17
		18
		17
		17
		15
		14
		13
		10
		6
		3

#45 - HARD - 40X40

Column clues (top):

```
                                    4                 1
                  12          1 1 5 5          5 5 2 2
            5 5 10 11 14      4 5 8 7 14      14 7 8 4 5 2 13 12 7 5
            4 8 7 10 1 14 2 7 8 4 8 11 23 21 21 24 11 8 4 8 7 11 14 11 6 7 4 4
            3 12 9 2 1 1 1 1 30 12 11 4 6 6 7 7 7 7 6 6 4 11 11 18 1 2 2 2 10 9 9
```

Row clues (left):

```
                  6
                  9
                 12
            1  9  2
            1  9  2
            2  8  1
            1  6  1
            2 10  2
            4 11  3
            4 17
               23
               24
            8  8  7
            7  8  7
            6  4  6
         2  4  6  6
      2  4  6  3  2
1  4  2  6  2  3  1
            2 20  1
            1 15  1
            1 16  1
         1  9  9  1
         1 10  9  1
            4  9  9  3
            4  9  8  3
         9  2  2  3  4
               8  8
               9  9
              11 11
              11 10
              10 10
            1  8 10
         1  4  4  1
      1  5  4  4  1
      1  4  8  4  2
            1 16  2
               20
               16
               13
                8
```

45

#46 - HARD - 40X40

																			2	2																	
															1	1			3	1																	
													2	1	2	1	1	1	1	2		1															
											2	2	2	2	3	4	1	2	2	1	5	3	1														
							2			2	2	2	2	4	1	2	2	2	2	1	3	3	2	1	2		4				6						
						3	1	2	1	2	1	2	2	4	2	1	6	6	1	2	2	2	2	2	1	2	1				4	1					
		2			6	2	1	7	6	2	7	6	3	2	2	2	1	1	3	6	7	2	3	2	2	1	1	3	2	4	3	6					
	8	2	1	7	5	2	3	2	1	2	1	5	5	2	1	3	2	2	1	1	1	2	2	7	4	9	2	2	2	2	2	4	2	1			
6	6	4	4	3	2	10	5	2	1	1	2	2	2	3	4	1	3	1	3	2	2	2	2	2	2	6	2	2	2	9	2	2	2	2	9	5	
6	2	2	8	4	3	2	3	2	2	1	1	1	1	1	1	2	4	5	1	2	2	2	4	3	2	3	2	3	5	1	2	1	6	5	3	3	4

						3	5
						12	2
					3	4	2
					2	4	2
					2	3	10
					3	8	4
				5	2	3	2
			2	2	4	2	4
		1	7	2	1	2	3
		1	4	2	8	1	1
1	3	2	2	3	5	2	1
		1	2	9	2	3	1
			3	3	6	3	5
	2	3	8	1	2	1	2
2	2	2	2	2	1	4	1
1	1	2	2	2	1	3	2
1	1	2	2	2	1	1	2
1	1	2	4	2	1	1	1
2	2	2	3	2	3	1	1
	2	1	4	2	2	1	2
	1	1	4	1	2	1	1
1	2	1	3	2	3	2	1
2	2	2	7	2	2	1	2
	4	3	1	4	2	2	1
1	3	1	7	4	1	2	2
		1	5	1	10	6	1
	1	4	2	6	4	2	2
	1	1	2	1	2	1	2
	2	2	1	2	2	1	3
			4	1	4	2	6
			4	2	7	3	2
				2	11	3	1
				2	5	3	3
					2	2	6
						1	12
						3	10
						12	2
						3	2
							5
							2

#47 - HARD - 40X40

Column clues (top), read top-to-bottom:

```
                                1
                                1
              1                 1
              2                 1
        2     2     1 1   1     2   1
        2 1   1 2   2 1   2   2 3 2 1
    1 1 2 2   1 2 1 2 3 2 3 1 1 3   4 5 1 2     2 2 1   1
    2 2 2 3   1 1 1 2 4 2 1 4 2 2 2 4 2 8 1 4 6 2 2 2 2 8
3   2 2 2 3 4 2 1 1 6 4 2 9 2 2 8 2 4 6 2 2 2 3 4 2 1 1 2 2 3 2 2 3
5   2 2 7 8 4 2 2 1 1 2 3 13 2 4 1 4 1 6 2 11 4 3 8 2 3 1 2 2 2 8 3 6 1 2
4 8 2 2 7 3 2 2 1 3 1 2 2 2 2 4 2 1 2 2 1 2 4 2 1 2 2 3 2 1 2 3 4 6 2 1 8
8 3 8 3 2 2 1 2 1 1 1 5 2 1 2 1 2 2 2 2 2 2 2 2 1 2 1 5 1 1 1 1 2 2 2 3 3 8 12 8
```

Row clues (left), top-to-bottom:

```
                    8
          3   5   4 3
                    8 8
            2   2   2 3
            2   2   2 2
            2   7   7 2
      2     3   8   3 1
    1 2     4   4   2 2
    1 2     2   2   2 1
    2 2     1   2   1 1
    2 3     1   1   3 1
            6   1   1 5
    2 1 1   4   2   2 2
  2 1 2 1   2   3   2 1
      1 1   9  13   2 2
1 1 2 2 2 2 2   2   2 1
      2 3 4 2   4   3 2
        2 2 7   1   2 2
    1 2 3 1 2   4   1 2
    1 1 1 4 1   2   2
      1 2 6 6   2   2
    1 2 3 2 2   2   1 2
        2 2 11  2   2
      2 4 4 2   4   4 2
1 1 2 3 5 2 3   3   2 1
        2 1 8   4   8 1 2
    1 1 2 1 2   2   2 1
            4   1   3 2 5
            6   1   1 3 1
        2 2 1   2   2 1
        2 2 2   2   1 1
        1 2 2   2   2 1
            2   3   8 3 2
        1 8 2   3   4 2
            2   7   6 3
            2   1   1 2 3
            3   2   1 2
                    8 8
                    12
                    8
```

#48 - HARD - 40X40

Row clues (top to bottom):
- 2 2
- 3 2 4
- 1 2 4 2 2
- 1 2 1 2 2 1
- 1 4 3 1
- 1 1 2 3 1
- 3 1 5 7 2
- 8 2 2 8
- 2 4 1 2 3 1
- 1 2 4 2 1
- 2 1 4 2 2
- 9 3 4 3 9
- 2 3 4 1 2 5 3 2
- 2 7 5 1 2 7 2
- 1 1 2 3 3 2 1 2
- 2 1 1 2 2 2 2 2
- 5 2 2 1 1 5
- 6 13 6
- 3 10 11 4
- 2 2 6 2 2
- 3 3 6 3 3
- 4 11 11 4
- 5 2 6 2 6
- 5 2 2 1 2 5
- 2 1 2 2 2 1 2 2
- 2 1 3 4 3 3 2 1
- 1 7 2 1 1 3 6 2
- 3 4 4 1 2 4 4 3
- 9 2 4 3 8
- 1 1 4 1 2
- 1 2 2 2 2 1
- 2 4 2 1 4 1
- 8 3 12
- 1 1 5 5 2 1
- 1 3 3 1
- 1 4 4 1
- 1 2 1 2 2 1
- 1 2 3 4
- 3 2 3
- 2 1

#49 - HARD - 40X40

#50 - HARD - 40X40

Column clues (top):

							1	1													1	2																	
							2	3	5			1			2					12		2			5	3	2												
						3	2	5	4	6	8	5	6	9	14	19			17	5	9	6	4	7	4	4	4	3											
					4	11	6	2	3	4	5	5	5	5	5	7	27	26	6	2	5	5	5	4	1	3	1	3											
					13	5	4	4	4	1	1	2	2	1	3	3	3	3	3	1	1	2	1	1	4	4	4	6			12								
7	12	17	20	22	24	26	5	3	2	1	1	4	5	4	5	4	5	5	5	5	5	4	5	4	5	1	2	1	9	28	27	9	23	22	19	16	11	6

Row clues (left):

				2
				4
				5
				4
				5
				5
				6
			1	6
2	2	6	1	3
2	2	8	2	3
3	3	8	2	3
4	4	10	3	3
		4	20	5
			5	27
	4	2	17	7
	5	1	14	8
	5	1	11	7
		8	8	7
		8	4	8
		9	2	9
		10	3	10
		11	4	11
				40
			33	6
			33	6
	8	19	2	6
	8	13	2	5
	8	2	2	8
	8	2	5	1	8
	8	1	6	1	8
5	2	1	6	1	8
	5	3	3	3	8
	5	3	3	3	9
			4	4	10
			4	6	11
			3	18	4
			3	16	3
			2	14	3
			1	10	2
					6

50

#51 - HARD - 40X40

#52 - HARD - 40X40

#53 - HARD - 40X40

#54 - HARD - 40X40

#55 - HARD - 40X40

#56 - HARD - 40X40

#57 - HARD - 40X40

#58 - HARD - 40X40

#59 - HARD - 40X40

														2					1									2											
										3				3					1	1				1	2			3	4										
								7	3	4	2	1	2	2	1				1	1				3	3	2	2	3	7	8									
								2	8	3	5	3	7	3	3	2			1	1		2	2	2	7	6	4	2	3	4									
							2	3	5	6	2	1	2	1	2	2	2	1	1	1	1	1	2	2	1	2	1	2	6	3	2								
					3	1	4	3	4	2	1	2	2	2	2	1	6	5	1	1	5	2	2	1	2	2	2	1	2	4	5	1	1						
				5	3	2	3	7	2	2	2	2	2	2	6	4	3	2	2	2	2	4	5	3	2	2	2	2	2	2	6	3	2	5	3				

									8
								4	4
								2	2
								2	2
								1	2
								2	2
								2	1
								2	2
								2	2
								1	1
						1	2	2	1
						1	2	2	1
					1	2	2	2	1
								2	2
								2	2
								2	1
							4	2	1
								7	7
						2	8	8	1
				2	2	8	7	2	2
			1	2	3	5	4	2	2
2	2	2	1	2	1	2	2	1	2
		4	2	1	2	1	2	2	4
					6	2	6	2	5
						3	5	4	3
					3	2	2	2	2
								2	1
							1	1	2
								1	2
							2	2	1
							3	4	3
				2	3	2	2	3	1
						3	5	5	3
					1	3	3	2	5
					2	5	2	3	1
						2	4	4	1
						2	1	2	1
						2	2	2	2
								6	6
								4	4

#60 - HARD - 40X40

							2	2																							2	2							
					2		2	1				1		4													2				1	2							
					4	2	2	2	2			2	7	1					2	2	1				5	7	2			2	2	2	2	7					
				3	1	3	1	1	1	4	5	2	3	1		1	4	2	1	1	2	5	1		1	3	2	5	3	1	2	1	3	1	3				
			1	1	2	4	1	5	2	1	1	1	1	1	2	3	2	3	2	2	3	2	2	3	1	1	1	1	1	2	5	2	4	2	1	2			
			2	1	1	1	1	5	9	5	2	1	3	1	5	2	2	1	1	1	1	2	3	5	1	3	1	2	6	10	5	1	2	1	1	2			
		3	5	8	1	2	7	3	2	2	1	2	1	2	2	2	2	2	2	2	2	2	2	2	2	1	2	1	1	1	4	7	2	2	7	5	3		

					2	3	3	2
				4	1	1	4	4
	1	2	2	5	5	1	2	2
	2	4	3	1	2	3	4	2
2	3	2	1	1	3	3	2	1
	6	1	2	2	1	2	1	6
	1	4	1	1	2	1	4	1
					2	2	2	2
					6	2	1	6
					7	1	2	7
				3	2	10	2	3
						5	14	6
			2	2	2	2	2	2
					4	4	4	4
				2	2	2	2	2
			2	2	1	1	2	2
					1	3	3	2
					3	3	3	2
							4	5
							2	2
							1	1
							1	1
							1	1
							2	1
							2	2
					1	3	3	2
						1	6	1
			2	1	2	2	1	2
				1	3	4	3	2
				1	1	2	1	1
							1	1
						1	4	1
							1	2
							2	2
							1	1
							2	2
								2
							3	3
								16
								12

#61 - HARD - 40X40

Column clues (top):

```
                                  2  1  1
                               2  1  2  1  2
                2     2  4  3  1  1  1  1  6  2     2
          3  2  3  2  1  2  1  1  1  1  1  1  1  1  2  1  2  3  2  3
          1  1  1  1  1  1  1  3  2  1  2  1  1  1  3  1  1  1  1  1  3
       3  4  2  2  3  4  3  4  2  1  3  2  1  1  5  3  1  4  2  3  4  3  2  1  4  3
 2  2     2  6  3  2  2  1  1  5  1  1  1  2  2  2  2  1  1  6  5  1  2  2  2  7  5  2     2  2
 4  2  2  8 14  3  3  3  2  1  1  1  2  1  2  2  2  2  2  2  2  1  2  1  2  2  2  2  2  4 12  2  2  6  2
```

Row clues (left):

```
                        4
                     2  2
                     2  1
                     1  2
                     3  3
                  4  1  2
                  2  6  2
                  2  1  2
                     2  1
                     1  2
                     2  2
                     2  1
                     1  2
                     2  2
                     1  2
                     2  1
                    19  6
                     2  1
                     1  2
                     1  1
                        32
               10  3  2 10
    2  2  1  5  6  2  1  1
 1  2  1  3  4  4  2  1  2
 1  2  2  1  2  2  1  2  1  2
    2  2  2  1  2  1  1  1
          4  2  4  4  2  4
       3  2  2  4  2  3  3
             1  4  5  1
          1  1  2  2  2
          2  1  4  2  1
          1  5  5  1
                     2  2
                     2  2
                     2  2
                     2  2
                     2  2
                     3  3
                       12
                        8
```

#62 - HARD - 40X40

Column clues (top):

```
                    2 2 2     2 5 1                             2 2 5       2 1 2
            1 6 4 3 2 2 2 2 2 2 7 5                         5 2 2 2 2 2 2 3 4
            2 2 1 1 1 2 2 1 2 3 2 2 1                   1 3 2 3 2 1 2 2 1 1 1 5 2
            1 4 3 2 3 2 2 2 2 2 2 5 2 4 1           3 5 3 4 2 2 2 2 1 3 2 3 4 2 1
        4 7 2 2 1 4 11 2 1 1 2 8 1 2 1 1 2 2 2 2 2 2 2 1 1 2 1 6 2 1 1 3 8 3 2 2 9 7 3
        2 7 2 2 2 2 1 1 11 5 2 2 2 11 2 1 1 2 2 2 2 2 2 1 1 2 12 3 2 2 7 16 1 1 2 1 2 3 6 2
```

Row clues (left):

```
              2 3 3 1
            3 1 2 4 4
    2 2 1 5 5 1 2 1
    2 4 3 2 2 2 3 2
    5 3 2 1 2 3 2 4
            7 2 2 2 2 7
          2 3 1 2 2 3 2
              3 1 2 3
            8 1 6 1 8
              5 14 5
                4 4
                3 3
              3 6 2
              2 12 2
              2 3 3 1
              1 2 2 2
              2 2 2 2
              2 2 2 2
              1 2 2 2
              2 2 1 2
              1 1 2 2
              1 1 1 1
              2 6 5 1
          1 3 2 2 3 2
          1 2 1 1 3 2
            1 4 1 1 7
          3 1 1 2 2 4
          2 2 1 2 2 2
          2 2 2 2 1 2
          1 2 2 1 1 2
        1 1 2 1 1 1 1
        1 1 1 1 1 1 1
        1 1 1 1 2 1
        1 1 1 1 2 2
        2 2 1 1 2 1
        2 2 1 1 2 2
        3 2 1 1 2 3
              6 1 2 5
                5 4
                3 3
```

#63 - HARD - 40X40

Column clues (top):

						1	8	8	7	6	1																							2						
			2		1	2	2	1	1	2	2	1																	19	2	1	1	1	6	6	3				
		2	1	2	2	1	2	2	1	2	3	1	2		3						2	15	18	1	2	1	1	2	2								1	2	
6	3	3	2	4	2	2	2	2	2	2	5	2	2	4	6	4	3		2	2	2	2	2	4	2	4	2	2	2	5	3	8	2							
4	2	9	2	2	3	1	2	1	1	2	1	3	2	2	9	2	5	4	8	10	2	2	2	2	4	3	2	2	1	1	1	1	2	2	6					

Row clues (left):

							3
							3
							3
							3
							3
							3
							3
						2	3
						3	3
						4	3
					4	1	3
					4	2	3
					4	2	3
					4	3	12
						13	16
			2	2	3	4	2
	1	2	3	1	2	5	1
		2	8	2	2	5	2
		1	1	2	5	4	2
				5	2	8	1
				5	6	7	6
			3	1	2	15	3
		4	1	1	3	8	1
	2	1	1	1	1	4	1
2	1	1	1	2	2	2	1
2	2	2	2	1	1	2	1
	3	6	3	2	2	2	1
		3	4	3	2	5	1
			2	2	2	2	2
			1	4	1	2	2
					3	3	6

#64 - HARD - 40X40

Column clues (top to bottom):

Column	Clues
1	
2	
3	
4	
5	1
6	1
7	4 2
8	2 4 2 1 1
9	2 6 2 1 1
10	2 4 3 1 2 2
11	3 4 3 2 1 2
12	3 2 3 4 2
13	9 2 3 3 1
14	1 3 7 3 2 1
15	2 1 1 2 2 3 2 1
16	1 2 1 2 2 3 1 2
17	1 1 1 5 3 1 2
18	1 1 2 2 4 2 2
19	1 2 2 3 1 1
20	2 2 1 3 1 1
21	1 2 1 3 1 1
22	1 2 2 3 1 1
23	2 1 2 4 4 2 2
24	1 2 1 2 1 3 1 2
25	4 1 1 2 3 2 1
26	2 1 1 2 1 3 2 1
27	1 4 2 4 3 2 1
28	4 4 3 3 1
29	3 3 3 2 1 2
30	3 4 3 2 2 2
31	2 8 2 1 2
32	3 5 1 1 1
33	2 6 1 1
34	4 2
35	1
36	1 1
37	
38	
39	
40	

Row clues (left to right):

Row	Clues
1	
2	1
3	6
4	3 4
5	3 4 4
6	3 10 3
7	8 9
8	7 7
9	1 2 1 2
10	1 2
11	1 6 1
12	7 7
13	3 3
14	2 4 3 1
15	1 4 2 2 2
16	1 2 2 1 1 1
17	2 2 2 1 1 1
18	1 4 5 2
19	1 2 1 1
20	2 6 1
21	1 12 2
22	1 18 2
23	11 11
24	8 8 1
25	5 5
26	2 2
27	1 2
28	1 1
29	2 2
30	3 2
31	2 2
32	2 2
33	3 2
34	3 6 6 6 3
35	4 4 4 5
36	
37	
38	26
39	3 3 2 3
40	

#65 - HARD - 40X40

Column clues (top):

										6																		
					6				10	2			6	10														
			6	7	7			3	2	2	6	2	2	9	3													
4	5	2	5	3	15	14	8	13	2	4	1	2	2	3	8	14						6						
2	2	2	1	8	4	5	6	7	3	3	2	2	4	3	3	6	6	15	6	7	1	5	4	2
5	9	12	2	1	2	8	5	4	2	4	4	3	3	3	5	1	1	1	2	2	4	8	5	1	2	2
1	3	5	5	4	3	13	14	15	15	16	7	1	1	1	1	1	1	1	1	1	5	4	2	2	2	2	2	2	2	1	2	1	2	1

Row clues (left):

				4	5
				5	6
				6	6
				6	6
				6	6
			5	5	5
					17
					13
					14
4	3	7	3		4
					25
				7	7
			7	1	7
				7	7
				10	10
3	5	1	1	4	3
		1	4	4	1
					11
				5	7
				10	2
		12	3		3
	8	3	5		3
	13	5			3
	10	2	3		2
	11	3	1		3
	12	3			3
	8	1	3		3
	10	1	2		1
	11	2	1		2
		10			11
	2	10			7
	4	9			13
	4	6			10
		4			12
					4
					3

65

#66 - HARD - 40X40

Nonogram puzzle, 40×40 grid.

Row clues (top to bottom):

- 3 3
- 2 1 2 2
- 1 5 5 1
- 2 1 2 2 1 2
- 4 1 2 3
- 6 3 5
- 7 2 8
- 9 3 9
- 10 2 9
- 3 5 5 4
- 7 2 7
- 3 8 5 3
- 2 1 2 2 2 2 1 2
- 2 2 2 2 1 2 2
- 3 3 1 2 1 3 3
- 7 1 7
- 2 3 1 2 2
- 7 1 8
- 7 1 2 7
- 6 1 1 5
- 1 3 3 2 1 4 5
- 4 4 2 1 4 5
- 4 4 2 4 1 5
- 4 3 2 2 3 3
- 2 3 2 3
- 8 9
- 6 7
- 2 2
- 2 2
- 1 1
- 2 1
- 1 1
- 2 2 2 2
- 2 2 1 2
- 3 2 2 3
- 4 4

#67 - HARD - 40X40

#68 - HARD - 40X40

#69 - HARD - 40X40

Column clues (top), bottom reference row:

3 9 12 7 5 3 10 17 6 8 7 6 7 8 3 3 3 3 3 3 3 3 3 8 7 6 7 7 16 9 4 5 8 10 7 2

Row clues (left):

				5	5
				8	7
				12	12
			8	12	8
			6	20	6
		4	15	6	4
		3	5	5	3
		3	3	4	2
2	4	3	3	3	3
3	3	6	6	3	3
3	3	8	8	3	3
8	3	2	2	3	7
				10	10
			7	1	7
		8	2	1	7
2	3	3	3	4	2
		4	2	1	3
				3	3
				3	3
				3	2
				3	3
				3	3
			3	2	3
			3	16	3
					24
				11	11
		4	3	3	4
			3	7	4
			3	6	3
			2	8	3
			3	12	2
3	2	6	7	1	2
			3	6	9
				8	8
				8	8
				9	9
					25
					24
			2	8	2

#70 - HARD - 40X40

#71 - HARD - 40X40

Column clues (top, read top-to-bottom):

Row 1: 3 3 3 · 3 3 3 3 3 · 3 3 3
Row 2: 1 3 3 3 4 5 6 6 4 3 1 3 3
Row 3: 5 5 · 3 6 4 3 3 3 5 5 6 4 4 3 3 4 3 · 4 4
Row 4: 4 4 4 4 4 6 2 4 14 4 3 6 7 3 3 3 3 3 8 7 5 3 15 3 2 4 4 4 4 3 4 4
Row 5: 2 8 12 10 8 5 14 17 9 8 16 4 3 3 4 4 4 4 3 3 4 3 3 3 4 3 19 15 8 19 15 12 6 9 11 11 7

Row clues (left, read left-to-right):

						Clue
						10
						14
						17
				5	4	
				4	3	
				3	3	
				3	4	
				4	4	
				4	3	
		4	2	2	4	
	4	3	3	1	4	
4	3	2	3	2	3	4
	4	3	8	4	4	
	3	3	12	3	3	
	3	3	14	2	2	
3	3	4	6	4	3	2
2	3	3	2	3	3	3
	3	2	3	2	3	3
3	2	3	2	3	3	3
3	2	3	3	3	3	3
3	2	2	4	3	3	3
3	3	2	4	3	3	3
	3	3	2	8	3	6
	6	2	4	4	3	6
		9	3	3	10	
	10	2	3	10		
			13	14		
		2	23	2		
			22			
		3	6	4		
			3	3		
			3	3		
			3	4		
			4	4		
			4	4		
			4	4		
			4	3		
				7		
				5		
				4		

#72 - HARD - 40X40

Column clues:

							4																								
					3	4	2	6	10		4		3		3	3	3						5	4	3	3	3				
				3	4	3	5	3	1	7	3	3	9	3	6	6	10	3	3	5	8	11	3	3	3	3	5	3			
	20		3	4	2	4	4	7	3	4	2	8	3	16	10	10	3	9	7	3	3	6	8	5	3	1	4	1			
14	3	30	17	7	10	12	5	3	3	5	5	6	3	3	3	3	3	7	6	5	4	3	3	14	12	10	4	17	28	16	13

Row clues:

			5	4
			7	6
			8	8
	3	3	3	3
	3	3	3	3
	3	2	3	3
	3	3	3	3
	3	3	2	3
	3	2	3	3
	3	3	3	3
		3	14	3
		3	16	3
		3	21	4
	3	6	6	3
			7	8
			6	6
			5	4
			3	4
		3	2	2
		3	3	2
3	1	3	1	2
2	3	4	3	3
	2	5	7	8
2	4	11	4	3
	2	9	8	3
		3	16	2
3	4	8	4	2
3	3	9	4	2
		6	9	7
		6	8	5
		4	6	5
		3	3	4
		3	4	3
		3	8	3
		3	10	3
	3	4	3	3
	3	3	4	3
				22
				20
		4	6	4

#73 - HARD - 40X40

Column clues (top):

```
                              3   4                              8   3   3
                          2   3   3   3  13              3   3  12   4   3   3   3
                  8       3   3   3   3   3   2   4   4  11   9   3   3   2   2   3  10   2   4   4   2   4   2   3   3
             10   4   3   3   9   6   5   4   4   3   2   2   2   4   8   9   5   5   9   3   3   2   2   2   3   4   4   4   6   3   3   6   9  10
      8  12  20   6   4  13  15   7   8   8   5   6   5   7   7   6   6   3   3   4   4   3  12   6   6   7   6   4   5   9   8   7  20  14  13   5   6  15  10   7
```

Row clues (left):

```
                    7   6
                   10  10
                   12  12
            2   4   5   3
            3   3   3   3
            3   3   3   3
            3   3   3   2
            3   3   3   3
            3   3   3   3
            3   3   3   3
            3   3   2   3
            3   3   3   3
            3  14   3
            3  18   3
            3  21   3
            3   5   4   3
            3   3   4   3
            3   3   4   3
            3   3   3   3
            3   3   2   3
            3   3   3   3
            6   2   2   7
            6   3   4   5
            6   3   4   5
            3   2   2   3
                    3   3
            2   1   1   3
            3  18   3
            3  20   3
    3   5   3   3   4   3
            8   7   7
            6   6   6
            5   6   6
            7  13   7
            5  14   5
           10  11
               26
               19
               17
            3   2   2
```

#74 - HARD - 40X40

Column clues (top):
```
                                                      6       6 6 3
              3 3 2 3 2 3         3 3 2 3 3 2 3 4 3 2 3 4 7 14 10 7 4 3
              8 10 4 3 4 6 5 2 10 11 12 3 3 2 3 3 3 3 3 3 3 6 11 2 3 6 10 6 3 5 4
        7 5 2 2 2 2 2 2 2 2 2 2 2 2 2 2 2 2 2 2 2 2 2 2 2 2 2 2 5 3 3 6 5 4
2 2 8 13 6 7 3 3 3 3 3 3 3 3 3 3 3 3 3 3 3 3 3 3 3 3 3 3 3 3 3 3 3 3 7 15 11 6 2 2
```

Row clues (left):
```
              4
              6
              6
            2 4
            2 5
            4 3
            4 5
            7 7
            8 6
            6 8
            7 5
            7 3
            6 3
            7 3
            8 3
          4 3 3
          3 3 5
          3 3 6
          3 3 6
        4 3 2 3
        4 6 3 4
        5 7 3 5
      6 2 3 4 6
  2 3 3 12 2 3
    3 7 11 3 2
    3 5 5 6 3
      2 2 4 3
            2 3
            2 3
             40
             40
            4 3
            3 3
             33
             32
             30
```

#75 - HARD - 40X40

Column clues (top):

											2	2	2	3						2	2			3														
											3	3	3	3					3	3			3	3	2	2	3										
				3	8	10	10	2	2	2	2	3					2	3			4	3	3	3	3	10	9	3	3				
		8	9		3	3	2	2	2	2	3	2	2	2	24	28	27	3	3	26	27	3	2	2	2	2	2	2	2	2	3	3			9	8	
		2	3	23	17	18	3	4	6	7	3	2	2	2	2	2	2	2	2	2	2	3	3	3	3	3	3	3	3	3	17	17	24	3	3	
4	6	8	4	4	4	4	4	3	3	3	3	3	3	3	3	3	3	3	3	3	3	3	3	3	3	3	3	3	3	3	3	3	3	3	12	10	8

Row clues (left):

			7	6
			8	8
3	4	4	3
	3	6	2
	3	6	2
3	3	2	2
3	3	2	2
			32
			34
			34
3	3	2	3
3	3	2	3
3	3	2	3
3	3	3	3
			34
			34
3	3	4	3
3	3	2	3
3	3	2	3
3	3	2	3
3	3	2	3
3	3	2	3
3	3	2	3
3	3	2	3
3	3	2	3
3	3	7	3
	7	13	3
	8	20	3
3	4	11	10
3	3	3	10
	3	6	9
	3	6	3
	3	16	3
	4	15	3
		4	3
		3	3
		3	3
			34
			32
			30

#76 - HARD - 40X40

Row clues (top to bottom):

- 10
- 12
- 4 3
- 8 4 3
- 10 4 3
- 11 3 3
- 3 5 3 2 3
- 3 3 3 3 3
- 3 11 3
- 3 10 4
- 3 2 10 2 4
- 11 10
- 9 8
- 3 3 3 4
- 3 2 2 3
- 3 4 4 3
- 3 6 6 3
- 22
- 6 5 7
- 4 3 3
- 3 2 3
- 3 3 2
- 7 3 3
- 8 3 3
- 4 3 2
- 3 3 2
- 4 3 3
- 5 2 5
- 5 2 5
- 5 3 4
- 7 3 3
- 8 3 3
- 3 5 3 7
- 3 7 12
- 4 5 13
- 10 16
- 18 3
- 22
- 13
- 3 6

#77 - HARD - 40X40

Column clues (top):

```
                                  3 2                 2 2
                    3 4 3 3 3 3 3 3           2 3 3 2 2 2 2 3
                7 3 3 3 3 3 3 3 3 2 3 3 3 2 3 3 3 3 3 3 3 3 3
          3       6 3 3 3 3 3 3 3 3 2 3 3 3 3 3 3 3 3 3 3 3 6 12     7     3
        6 11 19 11 3 3 3 3 3 3 3 3 3 3 3 3 3 3 3 3 3 3 3 3 11 12 25 9 7 3 2 3
    7 9 3 3 3 2 2 2 2 2 3 3 3 7 6 6 7 3 3 3 2 2 2 2 2 2 3 3 3 9 8 3 4 7
  5 8 3 6 7 8 4 4 5 3 3 3 3 3 3 3 3 3 3 3 3 3 3 3 3 4 5 3 3 8 6 3 9 6 3 4
```

Row clues (left):

```
                22
                25
          9  7   3
          5  4   2
          4  4   3
             4  10
             3   9
          3  3   3
                26
                26
            10  16
             3   3
             3   2
             3   3
            10  16
                28
                30
             5   6
       6  2  2   6
  3 2  2  2  3   2
  3 2  2  2  3   2
    2  2  3   3
                34
                35
                36
          2  4   3
          2  5   3
          3 10   4
            17  17
            15  14
             4   3
             3   2
             3   2
             4   3
             5   4
             4   5
             3   3
                22
                21
                18
```

#78 - HARD - 40X40

Nonogram puzzle grid (40×40).

Column clues (top):

```
            2  2  2  2      2  2  2         2  2
            2  3  3  3  2  2  2  2  2  2  2  2  2  1  2  2  2
            3  2  2  2  2  2  2  1  1  1  1  1  2  2  2  2  2  1
         4  2  1  2  2  2  2  1  2  2  2  2  2  2  2  2  2  2  3     3  5     3
      3     5  2  1  1  2  2  2  1  2  2  2  2  3  1  2  2  2  1  1  2  2  2  2  5  2
      7  2  7  2  2  3  2  1  2  2  3  2  2  2  2  2  2  3  2  1  1  2  3  2  9  5  2  7  2  2  2
   9  2  2 10 14  6  4  4  2  2  1  2  2  2  2  2  2  3  2  1  2  3  4  4  6 11  9  2  3  5  2  2  6  5
```

Row clues (left):

```
                 11
                 15
              3   5
        3  3  3   3
           3  6   8
        2  4  3   2
        2  3  4   2
        2  3  7   2
        2  2  5   6
        2  2  2   4
                 2   2
                 1   2
                 2   2
                 4   4
                12  11
        2 20      2   2
                 2   2
                 6   6
                    30
     2  2 14  2   2
        1  2  2   1
  1  2  3  3  2   2
        5  5  5   5
                 4   4
                 2   2
        2  4      2
                 2  20
        4  4  4   4
        3  1  1   2
                 2   1
        2  1  1   1
        2  4      2
        3  2      2
                 2   2
                 2   3
                 3   3
                 4   5
                 2   2
                     6
                     4
```

#79 - HARD - 40X40

#80 - HARD - 40X40

#81 - HARD - 40X40

Column clues (top):

						2	2	1	2								2	2				2				
						2	1	2	1	1					2	2		1	1		2	3	12			
				3	5	2	2	2	2	2			2	2	2		2	2	2	2	1	2	2	7		
			1	9	7	2	2	2	2	1	5	8	12		2	1	2	9	8	2	1	2	2	1	2	2	6	5
		3	4	6	2	2	2	1	2	2	8	10	6	2	2	2	2	2	3	2	2	2	2	2	2	1	2	5	4	3
	2	3	5	2	2	2	1	2	2	2	2	2	2	3	8	2	2	1	2	2	2	2	2	2	2	2	1	2	2	4	3	2
4	4	2	2	1	2	2	3	5	2	2	2	5	3	2	1	5	16	2	2	2	2	2	2	3	4	4	1	2	5	4	2	2	2	2	2	2	5	3

Row clues (left):

| 4 4 |
| 7 6 7 |
| 2 12 2 |
| 1 3 2 2 |
| 1 2 2 2 |
| 2 5 4 2 |
| 1 3 2 2 |
| 1 3 2 2 |
| 2 12 2 |
| 2 16 2 |
| 5 2 5 |
| 2 2 3 |
| 2 2 2 |
| 4 2 2 |
| 6 2 2 |
| 1 5 2 |
| 2 2 5 |
| 4 2 3 2 |
| 8 2 2 1 |
| 3 7 1 1 3 |
| 2 8 6 |
| 3 3 5 2 |
| 6 2 6 3 |
| 2 5 2 5 3 |
| 2 5 7 4 |
| 4 5 3 7 |
| 5 7 5 2 |
| 5 5 5 3 |
| 6 2 6 5 |
| 2 5 2 5 5 |
| 2 12 6 |
| 6 5 7 |
| 3 2 5 2 |
| 2 8 3 |
| 7 5 |
| 3 |

#83 - HARD - 40X40

Column clues (top):

```
                              1                                   1
              2  1  1            1  1  1         1  1  1      1  1  1  1
              2  1  1  1  1  1  1  1  1  1  1  1  1  1  1  1  1  1  2  2  4
        3  1  2  2  2  1  1  2  2  2  1  1  2  2  2  1  2  2  2  2  1 11
        3 15  1  2  2  2  2  2  2  2  2  9  9  2  2  2  2  2  2  2  2  1 14  6
  23  7  5  5  1  2  2  2  2  1  1  1  1  1  1  2  2  3  1  1  5  5  2 22
   6  2  5  1  1  5  2  8  9  2  2  2  2  2  2  2  2  9  2  2  5  1  1  2  2
   6  9  4  5  1  1  4  4  3  1  1  1  1  1  1  1  1  1  1  3  4  5  1  1  5  3  9  2
```

Row clues (left):

```
                    21
                 2   1
                 2   2
                 1   2
                 1   2
                 1   2
                 1   2
           1  17  2
     1  2   2   2
                 3   4
                    24
                    25
  2  1  2  1   1
  2  1  2  1   1
  2  1  2  1   1
  2  1  2  1   1
     4  2  1   1
                    24
                    24
                 3   3
           3  8   3
     3  2   2   3
                 8   8
     2  3   3   2
     1  2   2   1
2  4  2  1   4   1
2  4  2  1   5   1
2  4  2  1   3   1
                    27
                    28
                 2   2
                    26
     2  3   3   2
     2  3   3   2
     2  2   2   1
                 3   4
```

83

#84 - HARD - 40X40

Row clues (top to bottom):

- 14
- 16
- 2 2
- 2 2
- 2 12
- 2 13
- 2 2 2
- 2 2 2
- 2 2 2
- 2 13
- 2 11
- 2 2
- 2 2
- 4 2
- 5 3
- 2 2 3
- 2 2 3
- 2 2 6
- 2 2 4 2
- 2 2 7
- 1 2 2 6
- 1 2 2 5
- 2 3 3
- 17 2
- 19 2
- 1 3 2
- 1 4 3 2
- 1 7 16
- 1 2 3 14
- 2 2 3 2
- 12 17
- 11 15
- 2 2 2 3
- 2 2 2 2
- 40
- 40
- 2 2
- 2 2
- 17 1 17
- 16 2 16

#85 - HARD - 40X40

Column clues (left to right, top to bottom):

Column	Clues
1	3
2	5
3	9 3
4	12 2
5	4 2 2
6	3 2 2
7	2 2 2 2
8	2 5 2 2
9	2 3 2 2 2
10	5 2 3 2 2 2
11	10 2 3 2 2 2
12	5 2 2 1 2 2
13	2 2 2 2 2 2
14	2 1 2 2 2 2
15	1 1 2 5 2
16	5 2 2 3 5 2
17	10 2 7 2 2
18	4 2 2 2 4
19	2 8
20	2 3 2 1
21	1 4 2 1
22	5 9 3
23	2 6 3 3 5
24	3 2 2 3 2 2
25	2 1 2 2 2
26	2 2 2 2 2
27	2 2 5 2
28	2 2 4 2
29	2 2 2 2
30	2 2 7 2
31	2 3 7 2
32	8 5 2 3 2
33	6 10 7 2
34	2 2 2 6 2
35	2 2 2 2 2 2
36	5 2 2 3 2 2
37	3 2 3 2 2 2
38	3 2 17
39	6 9
40	4 2

Row clues (top to bottom):

Row	Clues
1	1
2	2
3	1 2
4	2 2 2
5	2 2 2
6	2 3 1
7	2 2 2
8	3 2 2
9	2 2 2 4
10	2 1 2 6
11	2 2 2 3
12	2 1 2 4
13	2 1 3
14	2 2
15	3 2
16	5 9 6
17	18 8
18	5 3 2
19	3 2 1
20	2 2 1
21	2 2 1
22	2 2 2
23	2 5 2 2 1
24	2 3 2 2 7
25	2 3 2 2 8
26	2 3 2 2 3 1
27	1 2 2 8 1
28	2 2 5 4 1
29	2 2 7 1
30	2 2 3 4 4
31	2 4 2 3 10
32	2 9 2 5 2 4 2
33	2 4 2 2 2 2 2 2
34	2 2 2 2 2 5 2
35	40
36	40
37	2 2
38	2 2
39	16 2 15
40	15 15

#86 - HARD - 40X40

									9		2	2	2	2		5								5		2	2		2	9									
								4	3	5	4	2	2	3	4	4			2					4	2	3	2	2	6	4									
							1	6	2	5	4	4	2	2	4	2	7	2	2	2	1		11	3	5	2	2	4	4	2	9	3							
						9	10	2	1	2	1	1	1	2	10	1	2	2	2	2	2	7	2	2	4	2	1	4	1	1	10	9	9						
				5	10	2	2	2	2	2	2	2	2	2	2	2	1	11	2	2	6	7	2	2	2	2	2	2	2	2	2	2	2	8	4				
2	2	4	6	2	2	2	2	2	2	2	2	2	2	2	2	2	2	2	2	2	2	2	2	2	2	2	2	2	2	2	2	2	2	2	3	5	3	2	2

					2	2
					8	9
					8	9
			2	2	2	2
			2	2	2	2
		2	2	2	3	2
		2	2	7	1	3
	4	2	2	2	2	4
			4	4	5	5
			2	3	4	2
						20
						22
					2	3
					2	2
					2	2
				2	2	1
				2	4	2
			2	1	1	2
			1	1	1	2
		1	1	1	2	4
		5	1	1	4	5
6	1	1	2	2	2	3
2	2	1	1	2	5	2
2	2	1	1	2	4	2
	2	2	2	1	2	2
		2	4	2	2	1
		2	1	5	1	2
				2	1	2
				2	1	2
	2	2	2	1	2	2
					2	2
					2	2
						40
						40
					2	2
					2	2
				14	1	14
				14	1	13

Row clues (top to bottom):

- 2 1 3 2 2
- 7 11
- 2 2 3 2 2 2
- 4 2 1 2 2 3
- 7 1 1 5 2
- 3 1 4 3 1 4
- 8 3 2 7
- 2 3 1 1 2 3 2
- 4 2 5 1 4
- 2 1 4 1 2 4 2 2
- 2 2 1 4 2 1 1 1 2 1 4
- 2 2 4 4 4 4 6
- 2 7 2 2 7 2
- 4 1 1 1 1 5
- 5 2 1 2 2 5
- 2 1 2 6 2 2 1
- 1 3 2 6 2 3 2
- 8 8 16
- 3 4 2 2 3 2
- 2 2 2 1 2 2
- 2 2 2 1 2 2
- 3 5 3 3 4 3
- 7 7 7 6
- 2 2 2 2 3 2 2 1
- 2 2 2 1 2 1 2 2
- 5 1 1 2 2 5
- 4 2 2 1 1 2 2
- 2 7 3 2 7 2
- 5 4 2 1 5 2 1 1 2
- 3 2 6 2 1 6 2 2
- 4 4 4 3 5
- 4 2 6 1 3
- 2 4 1 1 4 1
- 5 1 3 3 1 5
- 2 2 4 6 2
- 7 1 1 7
- 4 2 1 2 2 3
- 2 2 3 6 2
- 7 4 6
- 2 1 2 2

Column clues (top), read top-to-bottom:

																			2				2	1															
																			2	1			2	2	2	3		2											
		3	4					5	4				1	1	4	3	12	4	3	2			3	3	3	3	4	3	1										
		7	6	6	9		8	2	4	2	2	1		1	1	2	2	3	3	2	1	2	4	2	5	2	4	5	4	2	3	2	2	2	3				
11	7	12	11	4		6	7	14	11	5	5	2	4	2	2	6	11	3	2	2	2	2	5	17	2	2	1	1	1	2	7	4	2	2	1	9	3		

Row clues (left side), read left-to-right:

- 2
- 3 7
- 3 3 3
- 1 2 2 6 1
- 1 2 2 8 2
- 1 1 1 2 6
- 1 2 2 1 6
- 1 2 2 1 1 2
- 2 2 1 2 2
- 2 1 2 2 2
- 2 1 2 1 2 4
- 1 1 1 2 1 9
- 1 3 2 5 5
- 1 3 1 2 3 1 2
- 2 3 1 2 4 2 2
- 1 2 3 3 2 2
- 1 3 1 1 1 2 2 2
- 4 2 2 1 1 1 1
- 3 1 1 1 2 2
- 3 1 2 1 1 1 1
- 2 1 2 1 2 2 1
- 1 1 2 2 1 2
- 1 1 2 2 5 2
- 1 2 2 9 2
- 2 2 2 5 3 1
- 2 2 1 2 2 4 1
- 2 2 1 2 1 2 4
- 2 2 2 3 1
- 1 1 1 1 2 2
- 1 1 3 2 5
- 1 1 4
- 1 1 1
- 1 1
- 2 2
- 2 2
- 2 2
- 1 2
- 1 1
- 1 1
- 1 1

#89 - HARD - 40X40

Column clues (top):

```
                          2                   1       2               2
                  2       2  1        2    1       2     3  2  1        1  4        1
          2  2  4  2  1  3  4  2  2  3     7  2  1 12     1  1  3     1  3  2     2  3  3  5  2  2  6  4  2
          2  2  2  4  2  1  2  2  1  2     1  4  1  2     2  1  3     1  2  2     2  3  1  3  4  1  1  2  2
       4  1  1  1  1  3  3  2  2  6  2 10  2  1  1  1  2  1  2  1 12  2  2  2  4 10  6  2  1  1  1  1  1  5  4
       1  1  1  1  1  1  1  1  1  3  2 10  3  2  1  2  1  2  1  1  2  1  2  1  2  5  2  1  2  2  2  3  1  1  1  1  2
    6  2  2  1  1  2  5  3  4  3  3  2  4  3  3  4  1  2  2  1  1  1  2  4  5  4  2  2  2  2  1  2  1  2  2  1  2  9
 6  6  4  2  2  4  2  2  3  6  2  2  2  5  1  1  2 12  2  2  2  3  9  1  1  2  9  2  2  1  4  2  2  5  3  1  5  5  3  5
```

Row clues (left):

```
              2  4  2
                 6  6
           4  1  2  4
     2  2  1  1  2  2
     2  2  1  1  2  2
     4  1  1  1  2  4
 2  3  1  1  1  1  2  2
 1  2  1  1  3  2  2
    3  4  1  2  2  3
    5  3  1  2  2  4
 2  3  3  1  2  2  2  2
 1  2  2  6  1  2  2
    2  3 11  1  2  4
          4  4  3 11
 1  3  2  1  2  7  1
    1  4  2  1  4  1
    1  5  1  2  2  2  2
   12  2  1  1  1 12
          2  2  2  2
 1  2  1  1  1  2  2
 1  2  1  2  1  2  2
    3  3  1  2  3  3
         13  1 11  1
 2  1  1  2  2  3  1
 1  5  2  1  1  3  2
 1  5  2  2  2  2  2
         10  4  5  3
    2  3  2  9  3  2
 1  1  2  3  2  2  2
 2  2  1  2  3  4  1
    4  2  2  1  3  5
    2  2  3  1  4  2
 1  2  3  1  2  2  2
    5  2  1  1  1  5
    4  2  1  1  1  3
    2  2  1  1  1  1
          5  1  1  5
          4  2  2  4
                13
                 4
```

#90 - HARD - 40X40

#91 - HARD - 40X40

																	3		
					3		2						3			3	3		
					3	3	6					5	2	3	2	3	3	13	14
		5	8	10	11	14	2	2	3	3		3	3	3	3	1	7	2	3
		6	3	8	3	3	2	4	4	4	7	2	3	8	7	8	3	11	9
4	5	4	7	7	3	3	3	3	10	11	12	4	3	5	6	8	3	3	3

	3																		
	3	3																	
	3	3	2			4						3							
14	2	3	3	3	3	2	6					8	3	3					
3	4	7	1	3	4	3	3	3	3	3	2	2	15	4	9	7	3		
9	3	3	8	7	8	2	2	3	3	4	5	2	3	10	3	3	6		
3	3	3	8	6	6	3	3	12	10	9	3	3	3	7	7	7	2	5	4

			6	5
			8	9
4	4	7	4	5
		3	18	3
		3	17	3
3	5	3	5	3
3	4	3	5	3
3	4	8	4	3
	3	4	12	8
		7	14	6
5	3	3	3	4
	2	3	1	3
		3	6	2
		3	8	3
2	2	6	2	3
2	2	2	2	3
	3	3	3	2
	3	3	3	2
3	3	2	3	2
		3	12	2
		3	12	2
	5	5	4	4
	6	8	7	6
	4	10	9	4
3	3	8	3	4
3	3	6	3	3
8	3	4	3	8
8	3	3	3	8
4	3	3	3	4
3	3	3	3	3
		10	3	10
		11	4	11
		12	8	12
			8	8
			6	5
			3	3
			3	3
				12
				10
				8

#92 - HARD - 40X40

																	3	3	3	3	3	3																	
												5	3		2	3	2	1	3	3	2	2	2	3		4	6												
					3		2	2	3	3		3	3	3	2	2	7	2	3	3	4	7	2	2	3	3	3	3	3	3	2	3		3					
				10	3	3	6	4	4	4	7	2	3	8	7	8	3	11	9	10	3	3	8	7	8	2	2	3	3	4	5	8	3	4					
		5	8	11	18	22	4	3	10	11	12	4	3	5	6	8	3	3	3	3	3	3	8	6	6	3	3	12	10	9	3	5	23	16	9	7	3		

				6	5
				8	9
	4	4	7	4	5
			3	18	3
			3	17	3
		3	5	5	3
		3	4	5	3
3	4	3	3	4	3
	3	4	3	3	8
				7	6
			5	2	4
			2	3	3
			3	2	2
				3	3
		2	2	2	3
		2	2	2	3
		3	3	3	2
		3	3	3	2
	3	3	2	3	2
			3	12	2
			3	12	2
		3	5	4	2
		3	8	7	2
		3	10	9	2
	3	3	8	3	2
	3	3	6	3	2
	3	3	4	3	2
	2	3	3	3	3
	3	3	3	3	3
			7	3	6
			6	3	6
			6	4	6
			5	8	6
				8	9
				6	5
				3	3
				3	3
					12
					10
					8

#93 - HARD - 40X40

Nonogram puzzle, 40×40 grid.

Column clues (top):

	6	9	11	3	2	2	2	3	6	5	2	2	3	3	3	3	3	3	3	3	3	3	3	3	3	2	2	2	5	7	3	2	2	3	3	9	8			
	4	5	11	12	11	3	3	3	3	5	6	3	3	3	3	3	2	2	2	2	3	3	3	3	4	6	4	2	2	3	3	11	14	6	4
	5	3	7	7	7	2	2	7	7	7	2	2	3	3	2	2	2	3	3	2	2	3	3	3	2	3	7	7	7	2	3	7	7	3	4
15	16	4	3	3	3	3	3	3	3	3	3	3	3	3	3	3	3	3	3	3	3	3	3	3	3	3	3	3	3	3	3	3	3	4	18	16	14

Top extra clue cells: `3 3` / `4 3` / `3 3 3` (over column ~9) and `4 3` (over column ~15); `3 2` / `3 3 5` / `3 3 3` / `3 2 2 3 3` group near right columns.

Row clues (left):

- 5 4
- 7 8
- 4 5 4 4
- 3 4 4 3
- 3 20 3
- 3 22 3
- 3 24 3
- 3 4 4 3
- 6 6
- 5 4
- 4 3
- 2 3
- 3 2 3 2
- 3 2 3 2
- 3 2
- 3 2
- 6 5
- 8 8
- 10 9
- 3 3 3 3
- 3 18 3
- 3 2 17 3 3
- 5 2 6 6 3 4
- 3 1 1 3
- 2 3
- 3 3
- 3 2 3
- 4 12 4
- 40
- 16 17
- 2 8 9 3
- 2 3 3 3 2 3
- 2 3 3 3 3 3
- 2 8 7 3
- 2 8 7 3
- 3 3
- 3 4
- 38
- 36
- 34

#94 - HARD - 40X40

#95 - HARD - 40X40

							3	3																															
					3	2	2	2	8			2	2															2											
					1	1	1	2	3	14	13	10	10	12	12					11		9	7					4	5	5									
			2	3	1	2	5	6	7	6	5	5	7	7	9	22	20	18	17	2	13	2	3	12	13	10	8	1	3	5	8	6	3	2	4	4			

		3
		8
		9
		7
	3	2
	3	2
		8
		12
		11
	8	2
	9	6
11	3	2
13	6	2
	13	13
		27
17	3	2
	13	3
	11	3
	11	4
	12	3
	13	4
	10	2
	11	2
	11	2
	10	4
		16
		15
	6	5
		6
		4
		3
		1

#96 - HARD - 40X40

Nonogram puzzle grid (40×40) with the following clues.

Column clues (top):

```
                              2
                              2
            1             1 2           1
            1           2 2 2 2         1
        1 2 2 1         2 1 2 3     1 2 2 1
        2 1 2 7 1 2 6 1 3 1 7 2 1 2
  2 3 5 6 1 6 1 1 7 1 3 6 1 7 1 1 6 1 6 5 3 1
  1 1 1 1 1 6 3 5 3 1 5 1 3 4 1 4 5 3 5 1 1 1 1
  6 6 4 3 3 3 1 4 6 3 4 2 1 5 3 5 3 1 4 3 3 4 6 6
3 3 3 5 6 5 1 2 1 1 6 1 1 2 1 6 1 1 2 1 6 6 4 3 3 3
4 1 1 1 1 1 2 1 2 6 1 2 1 1 3 1 6 2 1 2 1 1 1 1 5
1 2 3 4 5 6 2 2 2 1 6 2 1 2 1 1 2 6 1 1 2 2 6 5 4 3 2 1
```

Row clues (left):

```
                        4
                        8
                       10
                       16
              2  2  3   2
  2  1  2  1  2  1  2   2
              3  2  3   3
                       21
                       22
                       24
                       24
                       26
                       26
        4  3  4  4  4   4
        2  3  3  3  2
  2  1  2  2  2  1  1   2  2
        3  2  3  2  1
        1  3  4  3  4   1
                       26
                       26
                       26
                       26
                       24
                       24
        4  2  3  4
  3  1  2  1  2  1  3   3
        2  4  3  2
                       16
                    2   2
                 1  2   1
```

#97 - HARD - 40X40

Column clues (top):

```
                                        3 2
                                        2 9           5                               2
          4 4     3 4       2 2       2   2 2 2 2 6 7 2 3     2     1     2     3     4     2
          2 1 3 3 3 6 4 2 2 2     5 2   3 2 6 5 2 4 3 2 2 2 2 2 3 2 3 14 3 2 2 5 2
          2 2 2 3 1 1 2 5 2 2 2     3 3 4 3 3 3 5 6 4 4 2 3 2 9 4 3 2 2 2 2 3 2 2
    1 1 3 3 3 1 3 4 3 3 3 3 3 5 1 1 3 2 2 5 5 2 2 2 3 3 2 2 2 2 4 4 4 6 2 2 1
    4 6 2 3 2 8 4 3 4 3 2 2 2 2 3 2 2 4 2 2 1 2 2 2 2 7 3 3 1 3 3 5 4 4 4 5 3 3 1 6 4
```

Row clues (left):

```
                2 4
                3 6
          4 2 2 2
        3 3 1 2 5
        3 4 6 2 2
        3 4 7 2 1
      3 3 2 3 5 2
        4 2 8 5
        3 2 1 2 3
          1 2 3 2
          1 9 2
          1 9 1
        3 2 2 2
        3 2 1 2
        7 3 1 2
        6 3 2 2
      2 2 4 3 2
      2 3 3 5 2
      2 10 2 6 5
      1 4 5 4 6
      3 2 4 8 2
  2 3 3 2 2 8 2
        3 4 2 6
      2 3 5 2 4
      2 3 2 1 3
          3 1 5
            3 5
      3 2 2 2 1
        3 2 2 3
      3 1 2 3 3
      3 2 5 5 1
        8 1 4 4
      3 3 2 4 4
        8 2 4 4
          3 4 5
      3 3 2 2 3
      2 2 2 2 3
            2 3 1
              5 2
              3 2
```

#98 - HARD - 40X40

#99 - HARD - 40X40

Column clues (top):

```
                                        1 2
                                    2 2 2 1
                            3 3 2 2 2   1 1 1       1     2 2 2
                    2       1 2 2 1 1 2 2 2 2 2   1 1 1 3 2 2 2     2 5
                    3 2   5 3 2 2 1 2 2 2 2 2 2 1 2 1 2 2 2 3 4   1 2     2
            2       2 2 2 7 8 2 2 2 2 2 2 1 2 5 2 2 5 2 2 2 2 2 2 5 2 6 2 2 2 7
        6   2 4 4 7 9 2 11 2 2 2 4 4 1 4 7 2 2 2 7 3 2 6 4 2 2 2 9 9 2 9 4 2 3 4 2 4
        5 15 2 3 3 2 2 2 2 14 3 2 3 3 2 2 2 2 2 1 1 2 2 2 2 2 2 3 4 14 2 2 2 3 5 3 3 15 3
```

Row clues (left):

	2
	13
5	5
3	4
8 4	7
8 5	6
2 3 3 2	2
2 2 2 6	2
2 2 2 5 2	2
3 2 6	5
3 2 1 2	5
2 2 2	2
2 1 2	2
2 2 2	2
2 8 9	2
2 12 2 11	2
2 2 1	2
2 5 4	2
2 30	2
2 2 24 2	2
2 2 2 2 2	2
2 2 2 1 2 2	2
2 4 2 2 4	2
2 3 5 5 3	2
2 2 4 2 5 2 1	2
2 2 2 4 2 2	3
2 2 2 2 1 1	2
2 2 2 2 2	3
3 2 7 2	3
6 9	7
5 2 2	5
2 2 2	2
2 6	2
3 4	2
4	3
4	4
	6

#100 - HARD - 40X40

#101 - HARD - 40X40

Row clues (top to bottom):
- 3
- 8
- 5 4
- 5 4
- 6 2
- 8 2 1
- 6 2 1
- 7 3 1 2
- 8 5 1 2
- 19 2
- 19 2
- 12 4
- 10 1 2
- 11 1
- 14
- 14
- 15
- 16
- 1 15
- 18 6 1
- 13 4 13
- 11 4 4 5
- 8 1 2 4 6
- 9 7 3 4
- 3 3 4 4 5
- 1 4 3 10
- 6 4 3
- 9 4 4
- 9 3 3
- 11 3 4
- 14 4
- 15 4
- 14 3
- 15 2
- 13

#102 - HARD - 40X40

Column clues (top):

			2		3						1	2		8				4	3											
		1			1		2			1	1	1	3	8	11	9	5	7	11	11	10	6	7							
	1	1	2	8	5	1	4		14	12	11	9	7	6	5	10	12	5	4	3	4	4	3	3	13	12	11	9	9	8	2
2	3	4	7	8	3	13	13	18	23	18	16	4	3	9	9	5	2	2	2	2	2	7	6	5	5	4	4	3	3	2	2	1	8	7	8	4	5	4

Row clues (left):

| 3 |
| 2 5 |
| 2 5 1 |
| 8 8 1 |
| 10 11 |
| 13 10 |
| 4 18 1 |
| 1 2 17 |
| 17 6 |
| 13 7 |
| 13 8 |
| 10 9 |
| 1 5 8 10 |
| 2 12 10 |
| 13 1 8 |
| 12 2 9 |
| 11 3 10 |
| 10 4 12 |
| 9 18 2 |
| 7 22 |
| 5 3 9 8 |
| 5 3 2 5 |
| 5 4 2 |
| 5 1 4 |
| 4 1 4 |
| 3 1 5 |
| 2 5 |
| 1 1 6 |
| 2 2 8 |
| 2 14 |
| 3 14 |
| 3 |
| 4 |
| 4 |
| 3 |
| 2 |
| 2 |
| 1 |

#103 - HARD - 40X40

Column clues (top):

												7						
											8	16	6					
				18				28	17	2	14	4						
	11	14	6				29	3	5	2	5	9	4	3				
6	1	4	8	38	38	38	3	3	3	3	3	3	8	6	4	3	3	1

Row clues (left):

	2
	4
	7
	9
	11
	11
	12
	14
	17
	18
9	4
	9
	10
	10
	11
	10
	11
	10
	10
	9
	12
	11
	11
	11
	10
	9
	8
	8
	8
	6
	5
4	4
4	6
4 2	4
4	7
4	6
3	3
	10
	7
	5

#104 - HARD - 40X40

Column clues (top, read top-to-bottom per column):

	6					5		6		5	5			6	5	5		6	5		6	6					6		
	11	4	5	5	5		2	6	4	6	2	1	6	5	4	3	1	5	1	2	6	4	3	5		5	5	5	6	12
3	8	4	3	3	3	3	5	3	4	4	3	2	3	2	2	3	3	4	2	4	3	3	4	4	3	5	4	4	5	2	2	10	4
6	6	2	6	3	2	3	3	3	3	3	4	3	5	4	7	4	5	3	5	3	3	5	2	2	2	3	2	2	6	2	3	2
1	2	2	2	2	2	2	2	9	8	8	2	7	2	6	3	3	2	6	5	2	2	3	5	2	3	1	6	7	8	2	8	9	9	2	2	2	2
1	1	1	1	1	1	1	1	1	1	1	1	10	1	10	2	8	3	3	4	4	4	4	4	4	3	3	8	2	1	1	10	1	1	1	1	1	1	4	2

Row clues (left, read left-to-right per row):

Row	Clues
1	3 3
2	5 6
3	9 9
4	11 11
5	26
6	27
7	5 8 5
8	4 5 4
9	4 2 4
10	3 1 3
11	4 3
12	3 2 1 4
13	3 4 3 3
14	2 4 3 3
15	2 3 3 3
16	2 3
17	1 2 3
18	1 2 2 4
19	2 2 4 4
20	2 4 3 4 1
21	3 11 1 12 2
22	3 8 2 2 9 2
23	4 5 4 6 3
24	6 15 3
25	6 11 5
26	5 3 3 4 2
27	3 4 7 2 4
28	6 4 5 3 6
29	7 3 3 2 7
30	8 3 2 2 8
31	8 3 1 2 9
32	9 3 1 8
33	9 2 2 9
34	39
35	39
36	1 1 1 1 1 2
37	39
38	15
39	11
40	6

#105 - HARD - 40X40

Row clues (top to bottom):

- 10
- 15
- 19
- 11 10
- 6 5 4 5
- 7 18
- 14 13
- 14 2 10
- 4 3 4 6 5
- 4 3 3 13
- 13 12
- 11 2 3 4
- 13 13
- 15 15
- 4 3 5 15
- 4 8 6 6
- 11 3 7
- 11 11
- 6 6 7 5
- 10 3 3 3 5
- 10 2 13
- 4 6 12
- 9 8
- 8 8
- 9 4 4
- 12 12
- 4 8 14
- 10 3 3 2 5
- 13 3 8
- 13 13
- 28
- 26
- 24
- 7 7
- 25
- 26
- 9 8
- 26
- 26
- 26

Column clues (left to right), bottom-aligned:

| 10 | 16 | 20 | 22 | 9 | 5 | 13 | 13 | 25 | 16 | 15 | 15 | 12 | 6 | 3 | 3 | 3 | 3 | 3 | 3 | 3 | 3 | 6 | 11 | 16 | 16 | 12 | 12 | 15 | 7 | 25 | 23 | 19 | 15 | 8 |

Upper clue rows:

- col1: 8 5
- col2: 16 10
- col3: 8 7
- col4: 5 16
- col5: 4, 12
- col6: 7
- col7: 18 1
- col8: 6 4
- (middle columns) 3, 5, 11, 10; 4 3 2 9 8 7 ...
- 12 18 6 3 1 7 7 4 3 3 3
- 5 10 7 16 12 7 1 4 2 7 2 2 2 2 2 2 2 2 2 2 4 2 2 2 18 10 8 7
- 7 3
- 7 3 6
- 3 ; 9 2 4 4 3 ; 6 ; 6
- 3 ; 1 8 ; 1 2 1 3 11 ; 2 ; 6
- 2 4 17 7 5 12 11 4

#106 - HARD - 40X40

														2	2	2	2	2	2	2	2					1									
										1		1		2	2	2	2	2	1	1	1	2				2									
							1	1	1	2	1	2	2	3	4	4	5	5	4	5	3	7	1	1	1	2		1							
						8	2	8	2	11	2	6	7	6	7	10	10	10	10	8	6	4	8	2	2	6	1	7	2	9					
				2	9	2	2	4	6	4	16	6	4	3	4	4	5	5	4	5	2	4	6	16	16	2	7	2	1	1	3				
		2	2	2	4	2	2	7	1	1	1	1	7	2	2	2	2	2	1	1	2	2	1	1	1	1	13	8	2	2	2	2	2		
2	4	2	2	2	9	8	1	1	1	1	1	1	2	2	2	2	2	2	2	2	2	2	1	1	1	1	1	1	2	9	2	2	2	4	2

						2
						4
					2	2
					2	2
				2	2	2
				9	4	9
			2	2	1	2
		2	8	2	7	1
		2	7	5	7	1
2	1	1	6	2	2	1
		2	1	16	2	1
		2	1	16	2	1
		2	1	6	9	2
	2	1	4	4	7	2
2	2	3	5	3	1	2
2	2	4	8	4	1	2
2	2	4	10	4	1	2
2	2	5	10	5	1	2
2	2	5	10	5	2	2
2	2	4	10	4	2	2
	2	2	4	8	7	2
2	2	2	6	3	2	2
	2	1	4	4	7	2
		2	1	6	9	1
		2	1	16	2	1
	2	1	11	4	2	1
	2	1	1	6	2	1
			2	7	13	1
		2	3	2	2	1
			2	2	1	2
				9	4	9
				2	2	2
					2	2
					2	2
						4
						2

#107 - HARD - 40X40

#108 - HARD - 40X40

																				2	2	1																	
											2	3	2	2	2				2	2	2	1																	
										3	3	3	5	4	2	3	3	4	2	3	2	2	1	1								2							
							2	2	2	3	1	1	2	2	2	2	2	2	2	3	3	3	3	1	1	1	1	1	1	1	1	1	2	2					
					2	4	2	3	3	3	2	2	2	2	2	2	1	2	2	2	2	1	1	3	1	4	1	1	5	5	2	1	2	3	2				
		7	3	2	4	4	2	3	3	2	1	1	2	2	1	2	2	2	5	3	3	3	2	2	2	1	4	2	3	3	2	5	4	3	2	3	3	5	
16	24	9	5	2	1	1	1	1	1	1	1	1	1	1	1	1	1	1	1	1	1	1	3	2	2	3	3	2	2	3	2	5	3	1	4	4	2	2	4

3
7
4 10
2 20
1 1 3 5
2 4 4 3
4 5 4 3
2 1 4 3 2
2 3 3 1
1 2 2 1
2 2
2 1
2 1
3 1 2
3 2
2 3
2 6 3
2 11 6
2 4 17
2 4 1 1 2 2
2 4 1 2 2
2 9 1 2 1
2 8 2
2 2 3
2 2 4
2 2 3 1 1
2 2 5 1
3 2 7 1
3 3 7
2 3 6
2 6 6 2
2 15 3
2 1 9
2 2 5
1 3
2 3
1 2
1 2
2 2
22

Nonogram puzzle, 40×40 grid.

#110 - HARD - 40X40

#7

#8

#9

#10

#11

#12

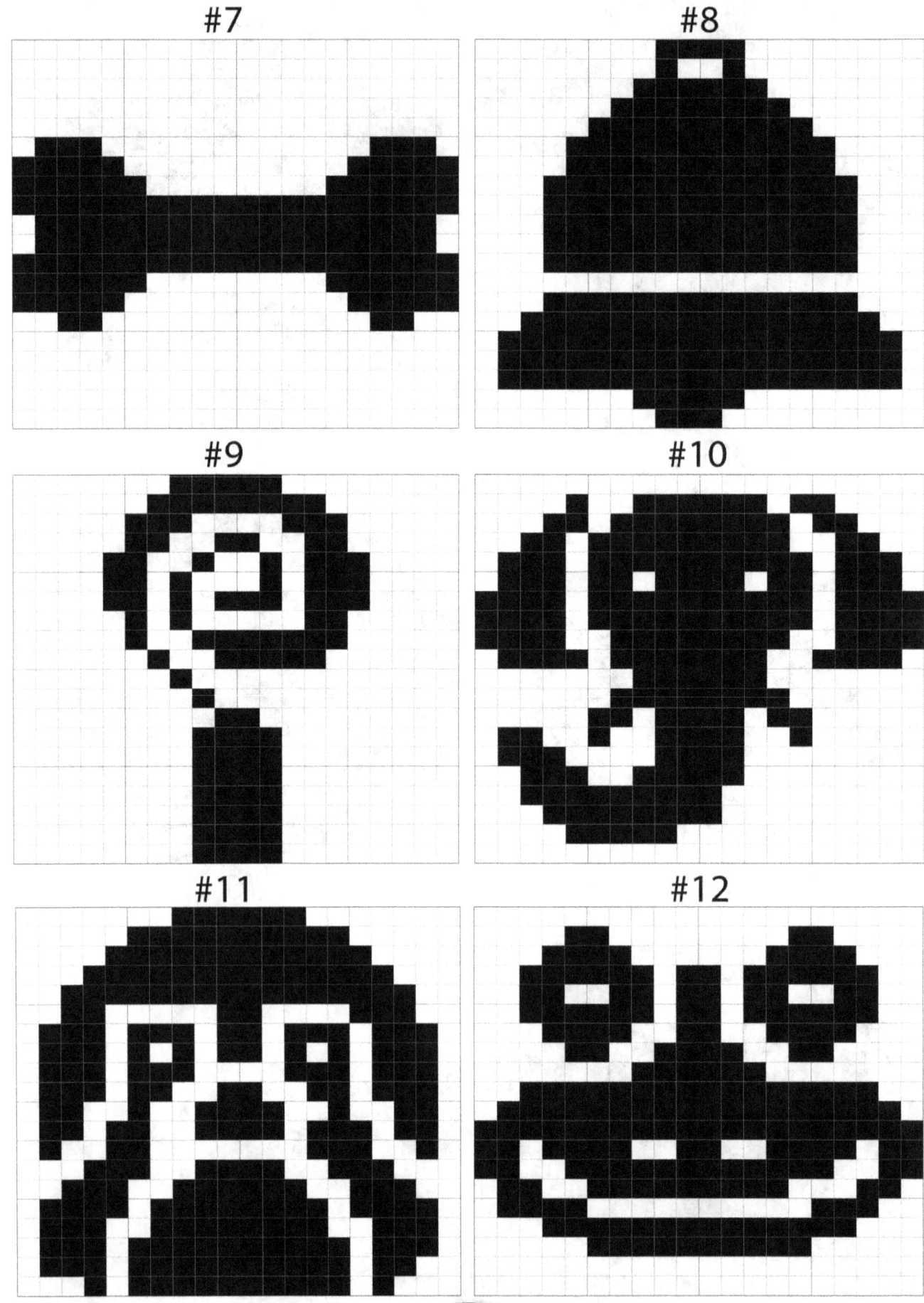

#13　　　#14

#15　　　#16

#17　　　#18

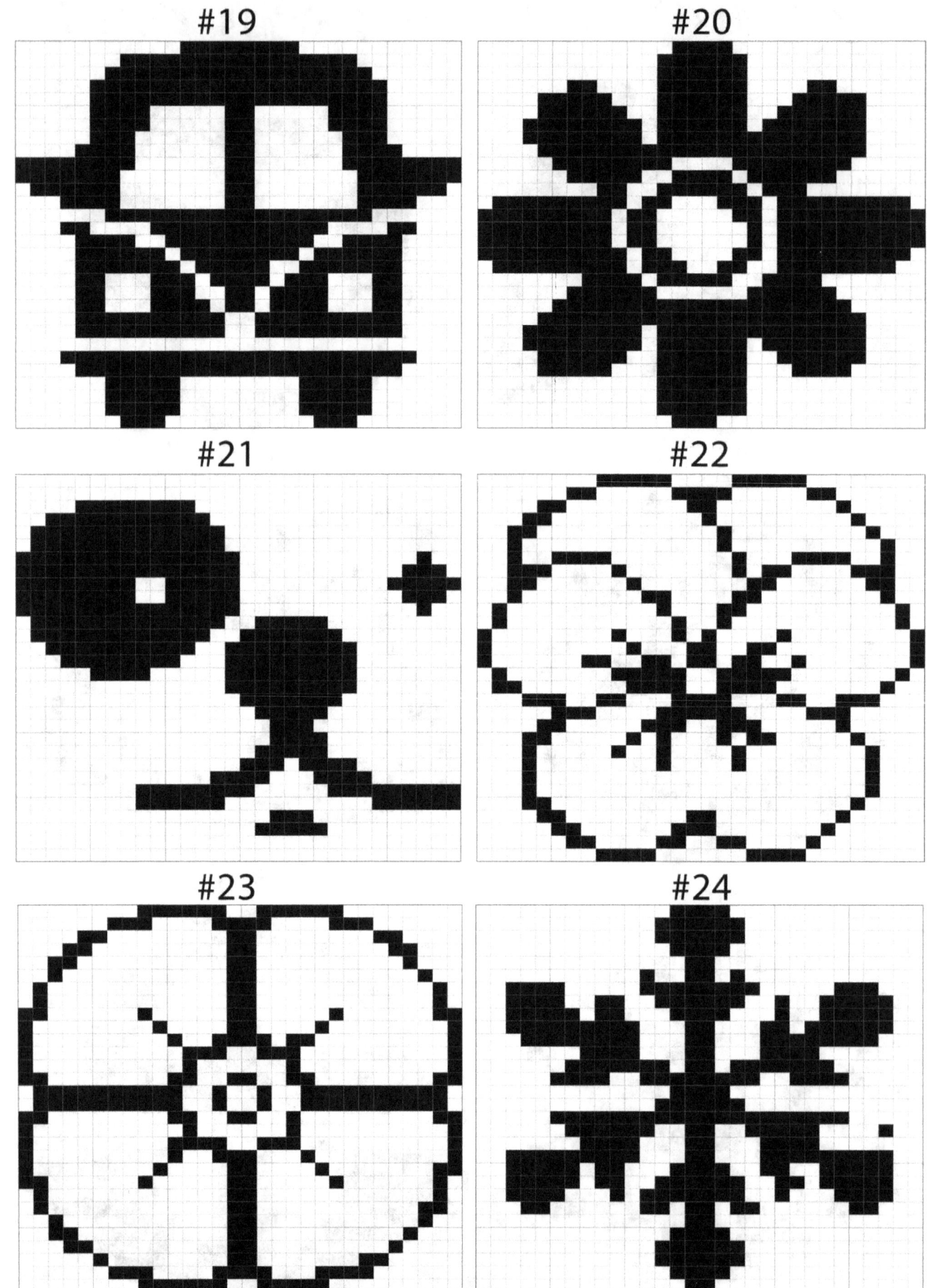

#25

#26

#27

#28

#29

#30

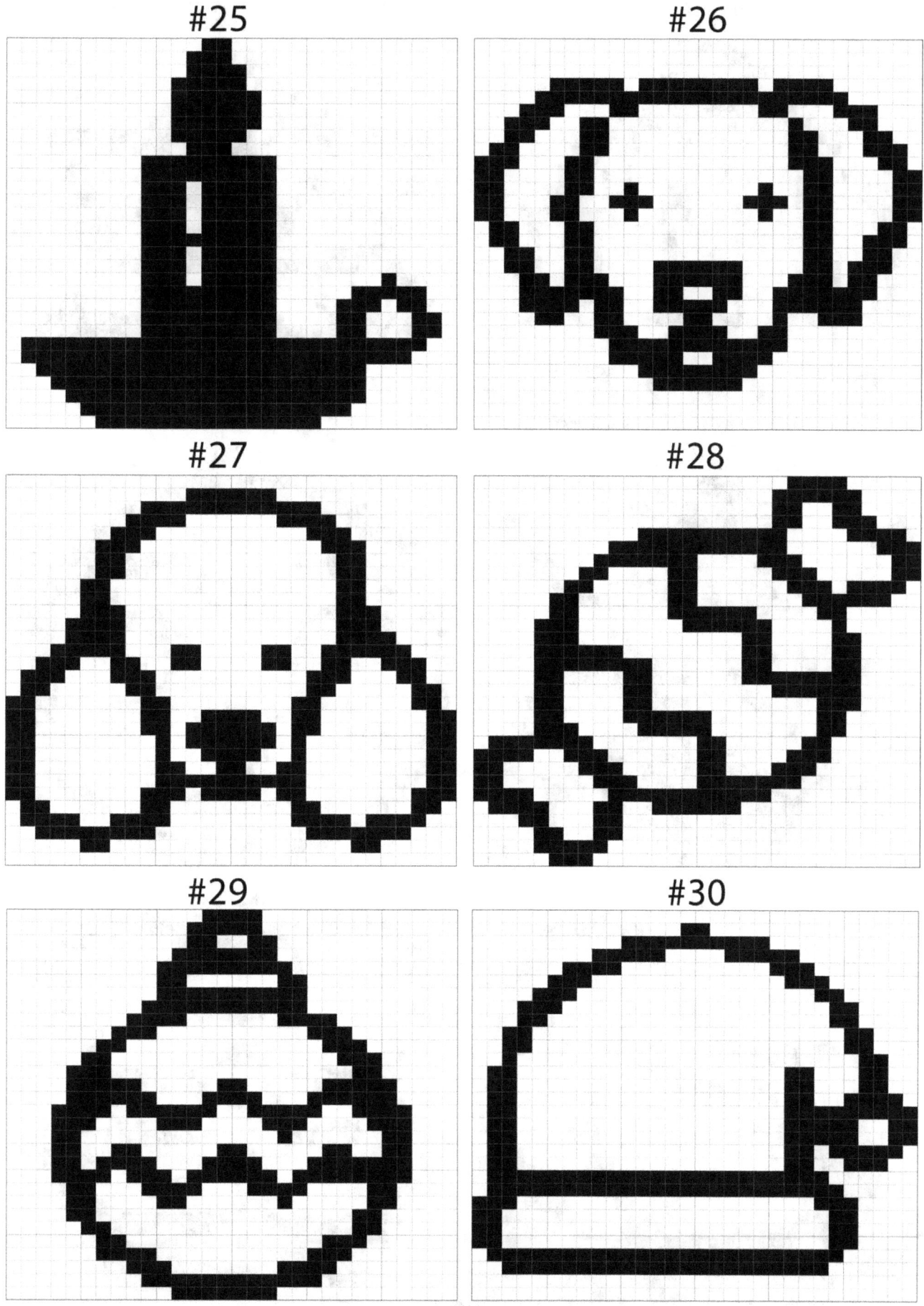

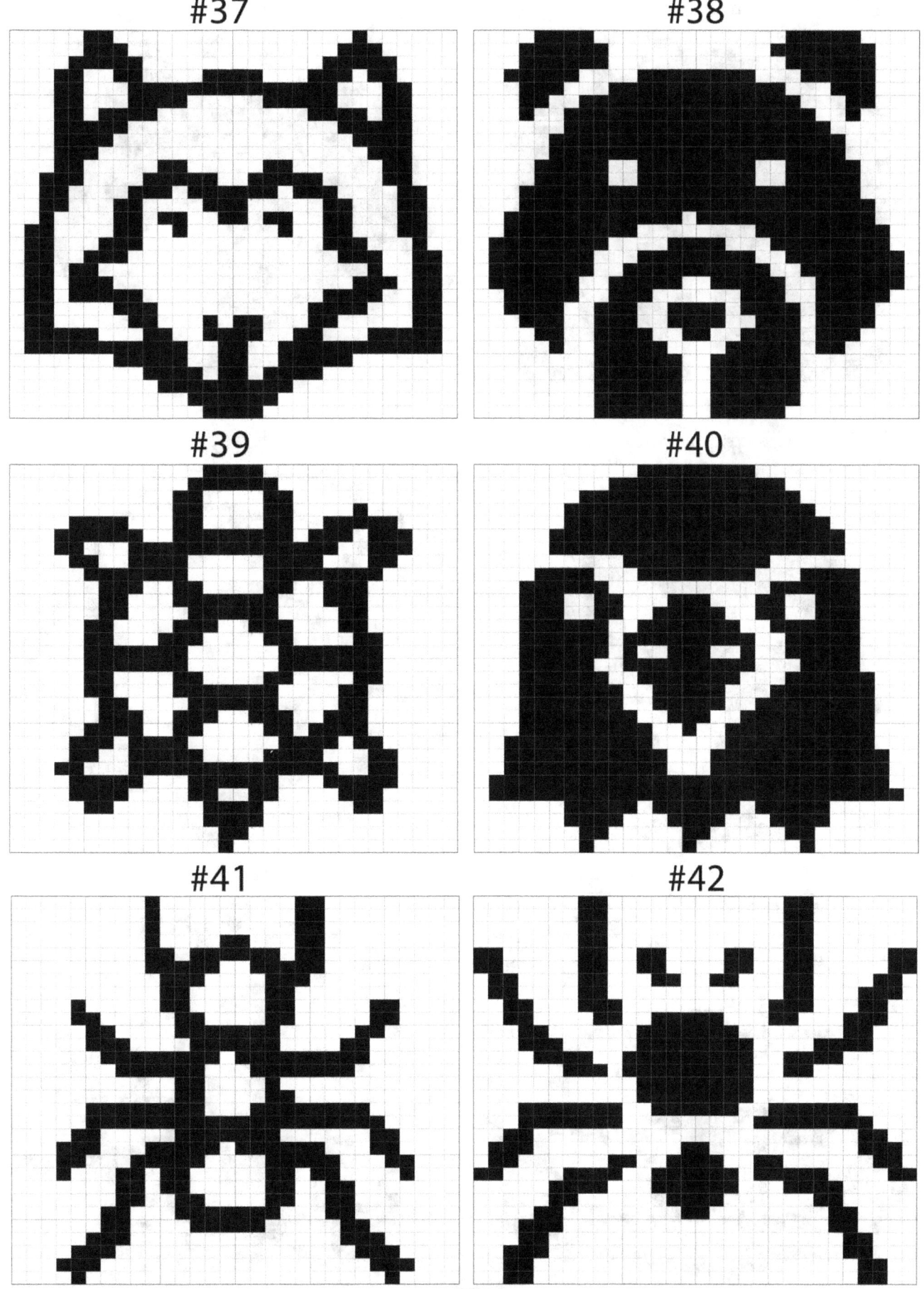

#43   #44

#45   #46

#47   #48

118

#49

#50

#51

#52

#53

#54

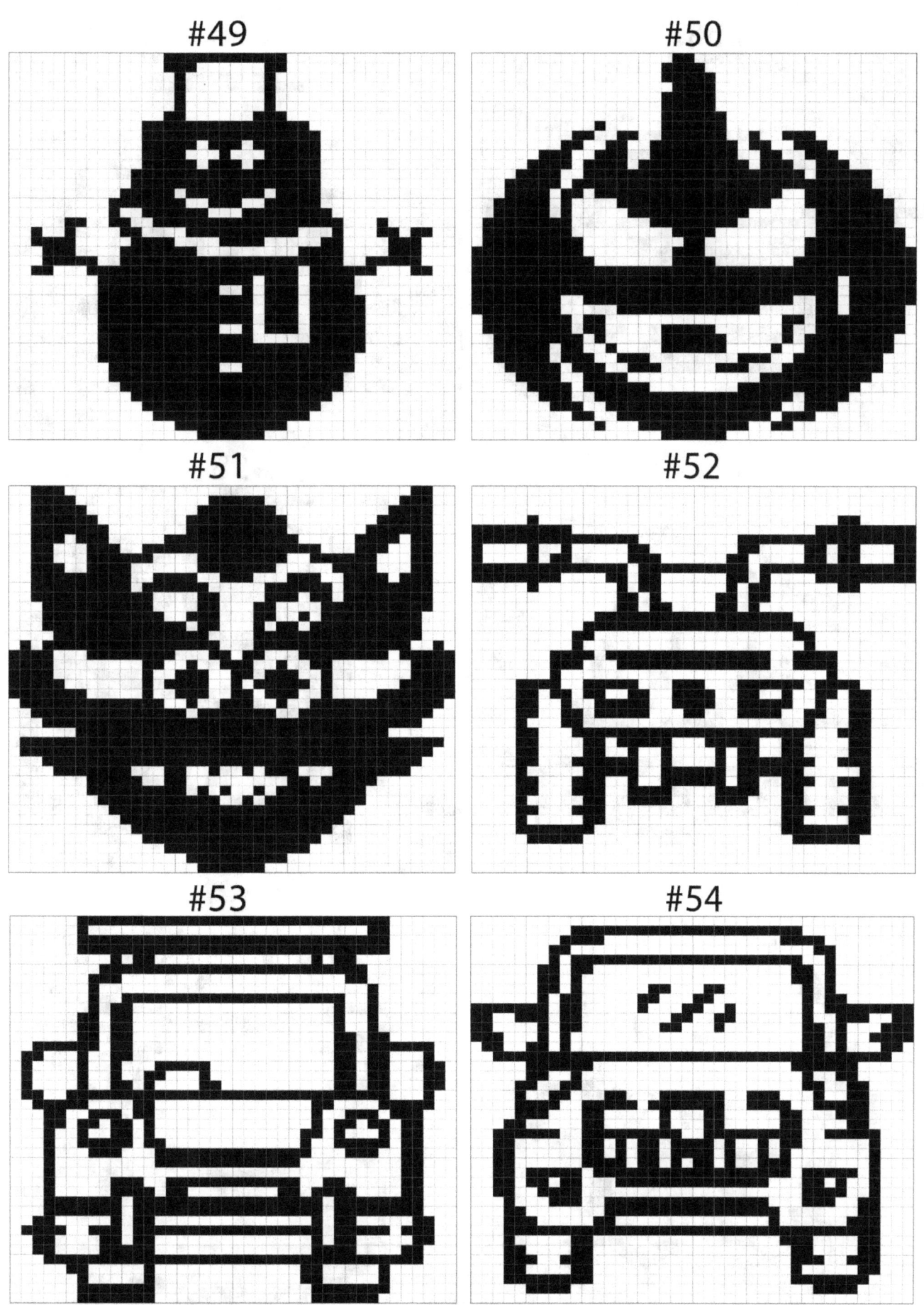

#61 #62

#63 #64

#65 #66

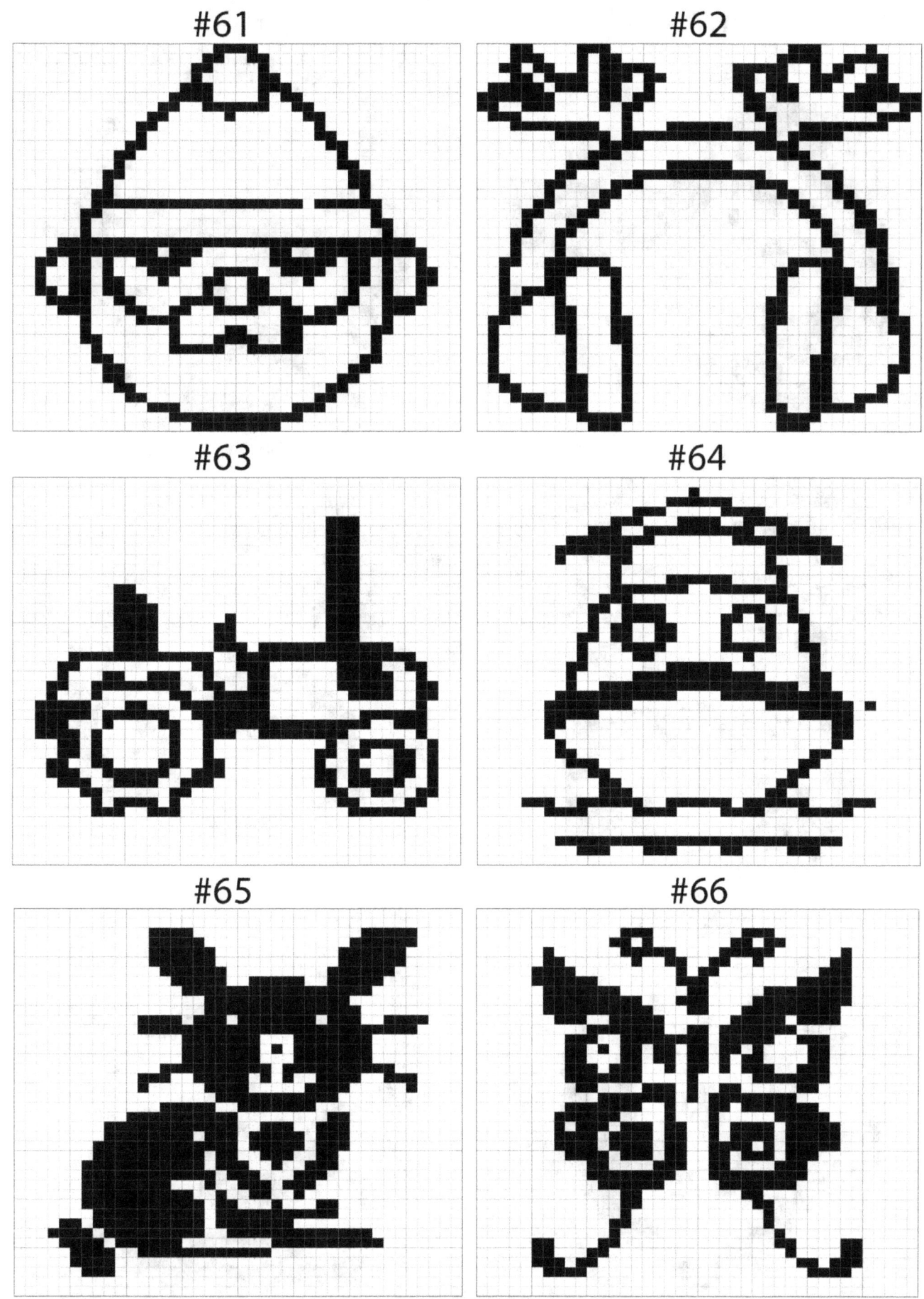

#67 #68

#69 #70

#71 #72

#73 #74

#75 #76

#77 #78

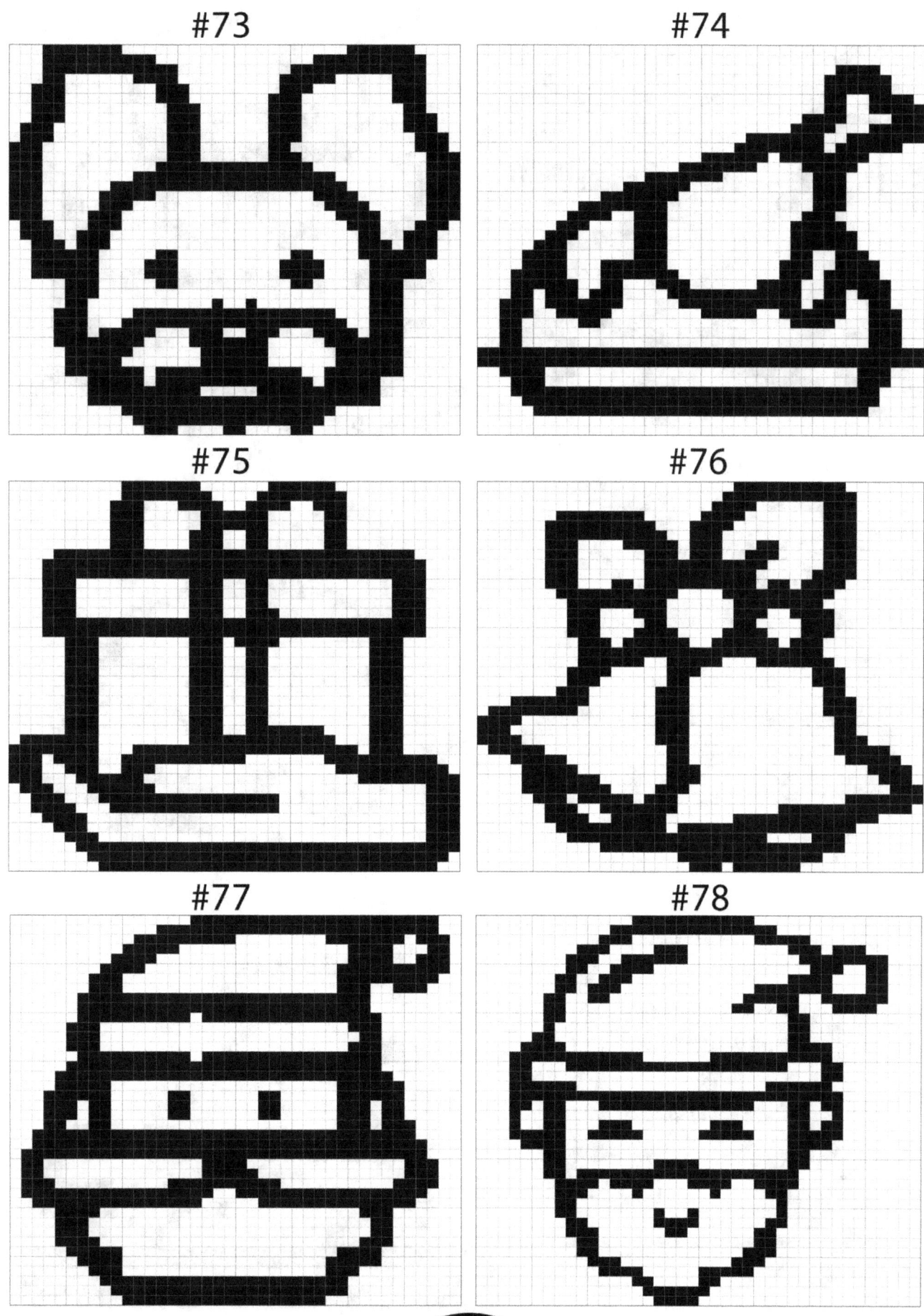

123

#79 #80

#81 #82

#83 #84

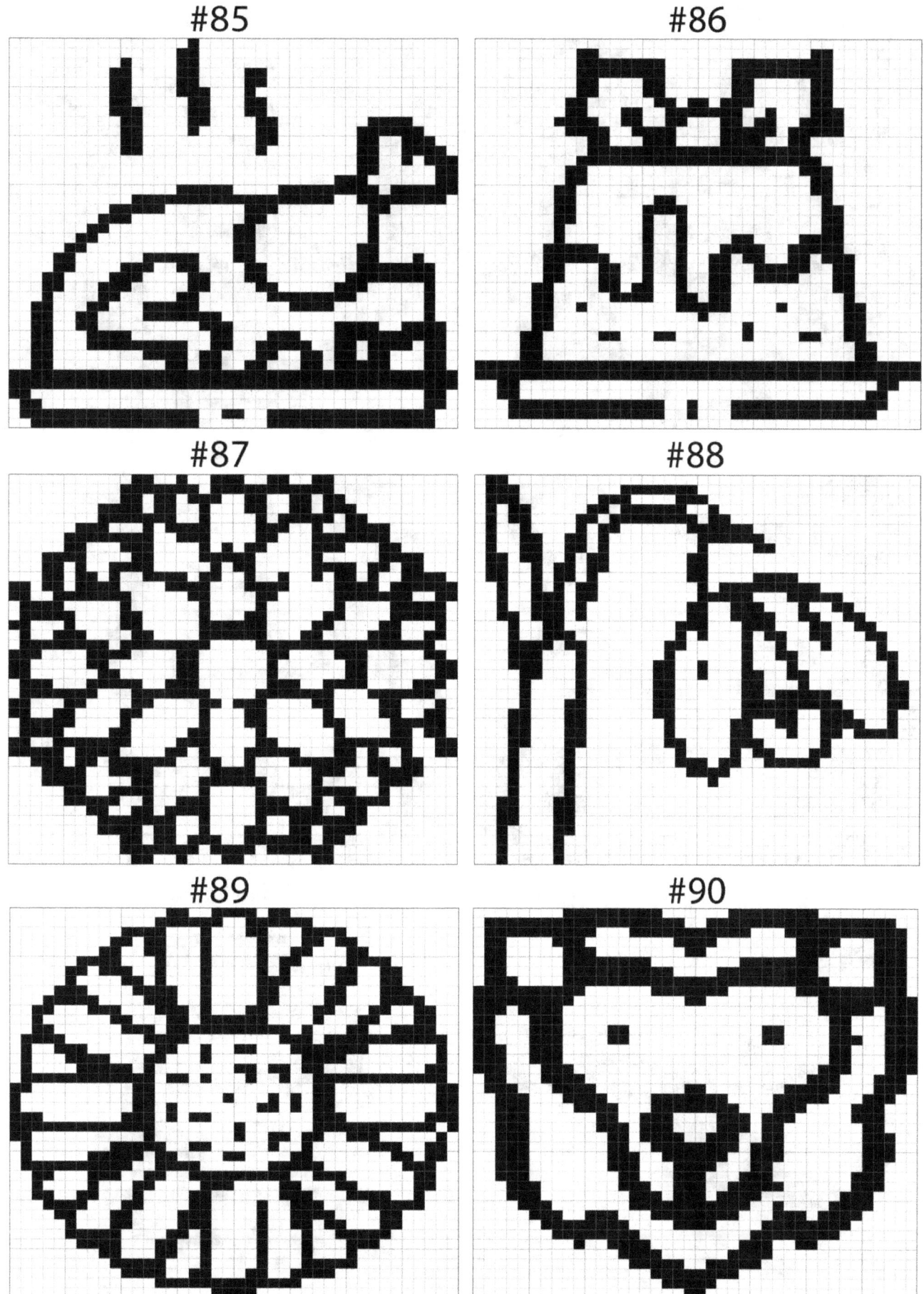

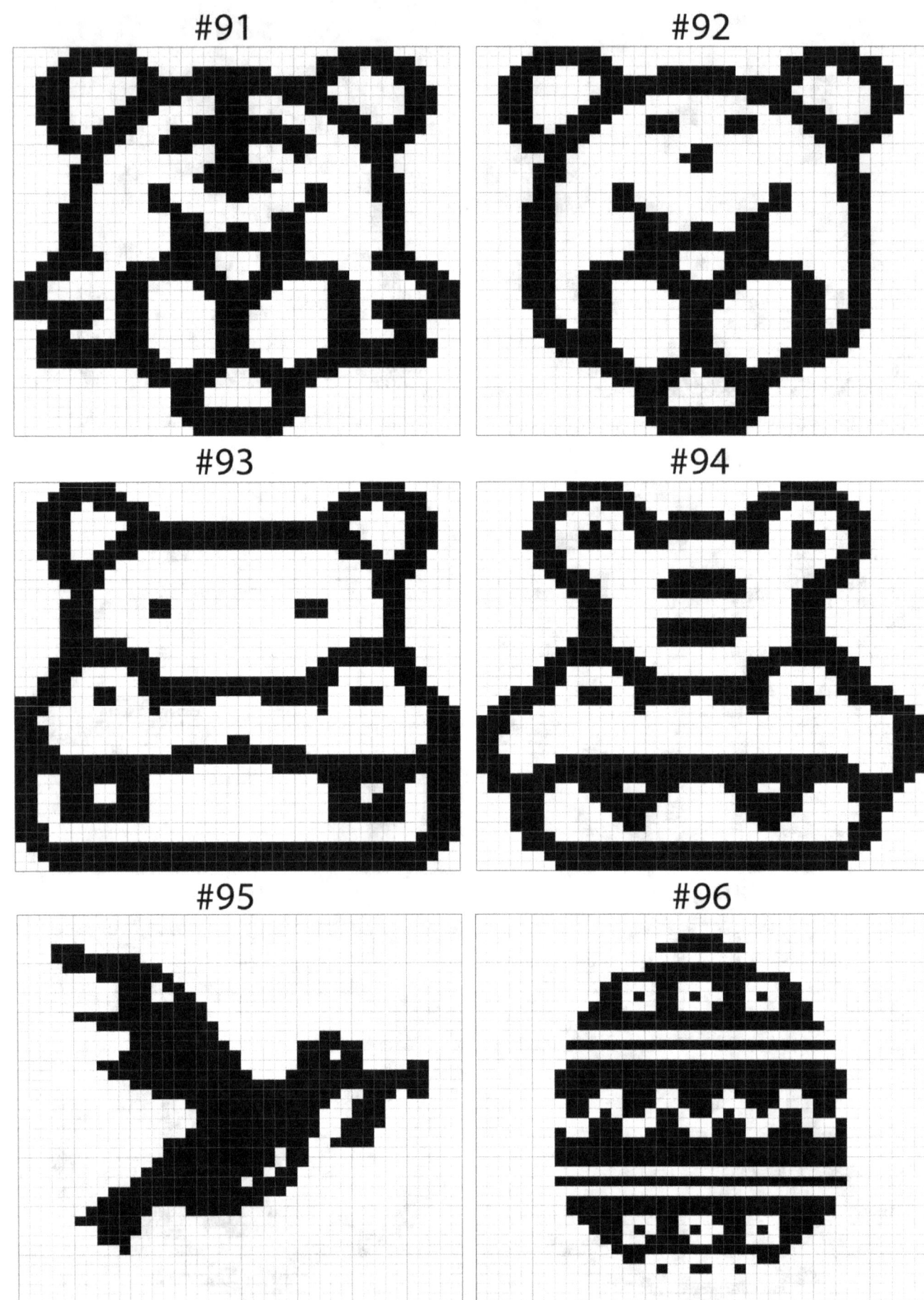

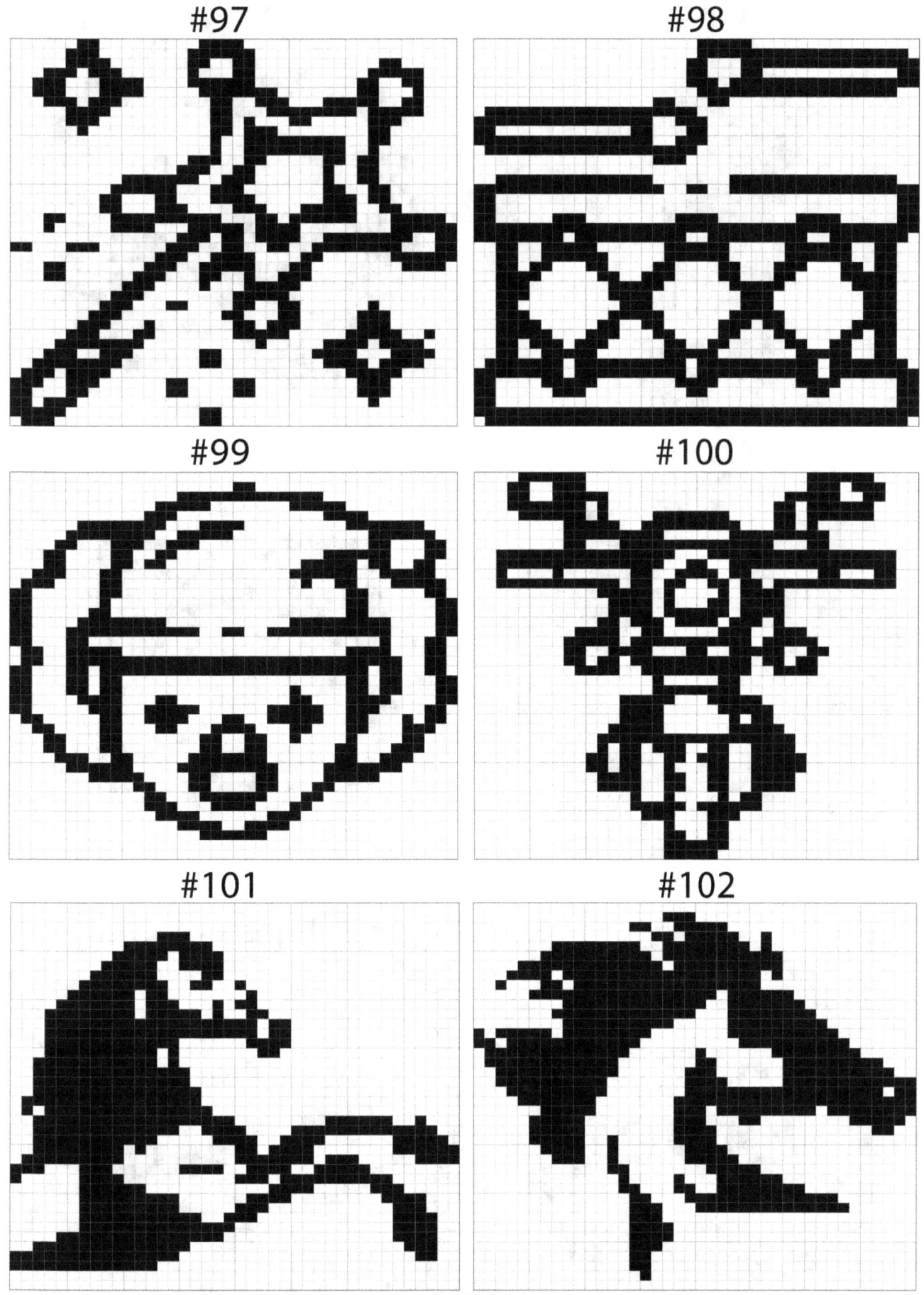

#103 #104 #105 #106 #107 #108

#109

#110